贰阅 ERYUE | 阅爱·阅美好

让阅读走心
让阅历丰盛

允许你自己

遇见完整的自己

从非从◎著

廣東旅游出版社
GUANGDONG TRAVEL & TOURISM PRESS
悦读书·悦旅行·悦享人生
中国·广州

图书在版编目（CIP）数据

允许你自己 ：遇见完整的自己 / 丛非从著. — 广州 ：广东旅游出版社，2020.3（2022.5重印）
ISBN 978-7-5570-2057-6

Ⅰ. ①允… Ⅱ. ①丛… Ⅲ. ①心理学—通俗读物
Ⅳ. ①B84-49

中国版本图书馆CIP数据核字（2019）第259655号

允许你自己：遇见完整的自己
Yunxu Ni Ziji：Yujian Wanzheng De Ziji

广东旅游出版社出版发行
（广州市荔湾区沙面北街71号　　邮编：510130）
印刷：北京晨旭印刷厂
（地址：北京市密云区西田各庄镇西田各庄村）
联系电话：020-87347732
787毫米×1092毫米　16开　18印张　208千字
2020年3月第1版
2022年5月第3次印刷
定价：58.00元

自　序

你允许自己吗

我身边有很多“正能量患者”，有的甚至到了“癌期”。我常开玩笑把他们叫作“正能量癌患者”。因为很多时候，他们都会无意识地要求自己：

要开心。

要正能量。

要给身边的人带来开心。

不要影响氛围，也不要影响别人的心情。

要坚强。

不要给别人添麻烦、添堵、添乱。

要把自己好的一面给大家，藏起自己的不好。

要保持自己正能量的状态，时刻做别人的开心果。

要做小太阳，充满正能量。

要……

仿佛开心、积极、阳光、好形象、坚强、正能量才是对的，才是应该做的，应该追求的；悲伤、消极、形象糟糕、脆弱都是应该尽量消除的。

所以每当放假的时候，下班的时候，聚会的时候，与朋友、家人在一起的时候，他们就想尽办法开心，去唱歌，去旅游，去聚会，去购物……

可是，他们做这些的时候，真的是由衷地从内心深处感觉到开心吗？

每次节假日与下班后，他们都去充正能量。每次与人相聚后，回到家，他们难以言表的失落却分明告诉他们——你充的是假的正能量。

所以，人们发明了一个很好的词来表达自己的心情：节后抑郁症。

很多人喜欢表现自己。在人群中，每次都努力表现，带着刻意或无意，展示最好、最阳光、最棒的部分，让人觉得你好棒、好开朗。或者表现你很善解人意的部分，让人觉得你很善良、很热情。可是每次回到家，你难以言表的孤独又在告诉你，你认识那么多人，却没有一个人在你心里，没有一个人跟你是亲近的。

我们找到了另外一个词来形容你：留守成年。

我想，你可能不知道的是，很多时候：

越是快乐，越是悲伤。

越是欢乐，越是失落。

越是表现，越是孤独。

当然，不是所有时候都是这样的。

一个不是很熟的朋友失恋了，突然找到我。按照传统思路，我带他去看了部喜剧片《羞羞的铁拳》。别人难过的时候，要哄他开心嘛。

从电影院出来后，我笑得人仰马翻，他说好难受。我才意识到，这不仅是一部搞笑片，更是一部关于背叛、欺骗、爱上别人的电影。

作为一名下不了班的心理咨询师，我赶紧找家安静的咖啡馆，借着灯光昏暗、音乐忧伤，做了一点疏导，让他大哭了一场，他才感觉舒畅多了。而我也终于感觉跟他没了隔阂。

一个人内心的悲伤，无法通过快乐来排解。在悲伤的时候，越是要求自己快乐，悲伤越是被堵住，感受就越是明显。用快乐来填补悲伤，悲伤就会在快乐离开后强烈反弹。

悲伤被堵住了，你跟别人之间，也不可能有真正的连接。人与人之间是通过感受的表达来连接的。也就是：我有一种情绪萦绕在心间，你看到了它，理解了它，我们之间就产生了连接。如果你能替我表达出来，我们之间就产生了亲密。

这就是**共情——最好的心理治疗处方。**

我有一种情绪，萦绕在心间。如果我不能表达它，你也不能看见它，我们两个一起回避它，我们之间就有一种捅不破的隔阂，你走不近我，我走不近你。

情感被堵住，隔阂就产生了。

情感被分享，能量就流动了。

情感被堵住的情况很多。

理性会堵住情感。你见到过很多理智的人，他们知道很多事情该怎么做，知道怎么利益最大化，能给你很多建议。但你就是感觉靠近不了他们，因为他们的感受被堵着，没有表达出来。

反向会堵住情感。明明是这种感受，他却非要表达为另外一种。

这时候你会发现你也感受不到他。妈妈怕伤害孩子，在难过的时候强颜欢笑，孩子并不会感受到快乐，反而感觉不到妈妈。

情感流动的方法只有一个：选择真诚。

当我发自内心真正快乐的时候，我把快乐分享给你，你感受到了我的快乐，我就会感觉跟你很亲近。比如我中奖的时候，发奖金的时候，梦想实现的时候，交了新朋友的时候……

如果你被我的快乐感染，由衷地跟着我一起快乐，替我感觉到快乐，我就会更快乐，这时候我的快乐就在流动了。

但是如果你没有接住我的快乐，我的快乐就会被堵住。比如你嫉妒我，看不上我，或者你对快乐有禁忌，你可能就会说：这有什么，有什么好炫耀的，不过是侥幸罢了……这时候我的快乐就像冬天被浇了冷水一样，瞬间凝固。

如果我悲伤的时候，我能把悲伤分享给你，你感受到了我的悲伤，并理解了它，你静静地陪我一起悲伤，允许我悲伤，我的悲伤就会流向你，你就会替我消化它，我的悲伤就流动起来了。比如我感到孤独的时候、自卑的时候、挫败的时候、绝望的时候、失落的时候……有一个人倾听、陪伴，并理解，是一件非常幸福的事。

当我悲伤的时候，如果我不能允许自己悲伤，就无法表达悲伤。如果你不能允许自己悲伤，就不会允许我悲伤，就会安慰我别悲伤，用“别想那么多”“开心点”“带你看电影去”等话来堵住我的悲伤。这时候悲伤就成了我们之间的禁忌，无法流动。

一个人能量流动的状态，就是快乐的时候快乐，悲伤的时候悲伤。

这时候他跟人建立了连接，感受到的就是喜悦，而不仅仅是快乐。一种从内心深处生出来的力量和感动，一种由内而外的幸福感。这种幸福感就是：还好有你。

能量流动的人是有活力的、喜悦的、幸福的。他能做自己，他身心一致。

而一个人一旦有了“不能悲伤”的禁忌，他就开始了身心的分离。

有个学员也是如此，来了就疯啊闹啊，热情帮助别人，让人感觉他真好。直到第三天，铺垫了很多之后，我尝试揭开他的真实面目：你为什么一定要如此友善呢？明明内心很计较。

他极度抗拒，像个溺水的人在挣扎一样。

我问他：计较又能怎样呢？

他说：计较就很自私。

我问他：自私又能怎样呢？

他歇斯底里地大吼了一声：自私就没人喜欢我了。

然后他开始了默默抽泣。

原来，他是那么怕不被人喜欢，所以使劲地隐藏自己的计较与自私。

他不允许自己自私，所以就把自己自私的那一面完全隐藏起来，表现得特别无私。一点都不计较，给我们一个过于热情善良的假象，可也总给我们距离感。

而人之所以身心不一，是因为潜意识里感受到了分享和敞开的危险。

敞开自己，如果被接住了，那是流动的、亲密的、通透的、舒畅的；如果没有被接住，那就是危险的、毁灭的、无自尊的。

这种危险，来自我们潜意识里的认识：

悲伤会打扰到别人，是不被欢迎的。

消极是负能量，是不被欢迎的。

哭泣是软弱的表现，是不被欢迎的。

自私是坏人的表现，是不被欢迎的。

软弱的人都该死，是不被欢迎的。

……

而这些认识，则来自我们的早年经验。在我们小时候，这些负面的东西我们的爸爸妈妈根本承受不了，他们不允许自己有负面感受，也不允许你有负面感受。每当你有软弱和悲伤的表现时，他们就会想尽办法阻止你：

• 强行打断。不许哭。使用命令、控制、威胁等方式强行阻止你的悲伤和软弱。

• 婉转打断。带你去游乐场玩，看看这个玩玩那个。打断你的悲伤，强迫你注意别的。

从小我们习得了正面感受是安全的、被喜欢的，负面感受是危险的、不被欢迎的。

我们总是愿意表现出好的一面，不愿意表现出坏的一面；总是喜欢表现出开心的一面，不愿意表现出难过的一面；总是喜欢表现出坚强的一面，不愿意表现出脆弱的一面。

久而久之，我们忘记了自己其实是有悲伤的，忘记了自己也有脆弱。我们即使知道，也不愿意欢迎它，更不愿意让别人知道。

我们习惯了把快乐留给别人，把悲伤留给自己。

我们习惯了把坚强留给别人，把脆弱留给自己。

可是，每个人都有悲伤时刻，每个人都有软弱时分。你不展示它，不分享它，就隐藏了真实的自己。这就意味着你不再真诚，你有了很厚的保护壳，是不真诚让你跟别人之间有了隔阂。

也许你不能跟每个人都分享你的悲伤，但你可以跟愿意接纳你的人敞开心扉，去分享。你只需要跟几个人建立亲密连接，一生就够了。

愿意接纳你的人并不是不存在，而是你可能丧失了分享悲伤和软弱的能力。只有找回这种能力，你才能找到真正的爱，找到真正的温暖，找到滋养，找到补充，找到活力，也找回你自己。

愿你不仅有正能量和坚强，更有悲伤和脆弱。

愿你不仅能去吃喝玩乐，更有地方可以大哭一场。

也求你别再一味正能量，我也想看到你的脆弱和悲伤。

目录

第一章

人生很多不幸，都是『命中注定』

人生的很多不幸，都是潜意识里自己创造的

我认识一个看起来很风光的姑娘。其实这类姑娘不止一个，我想写写来找我咨询的这些姑娘B、C、D、E。她们看起来阳光开朗、美丽大方、上进心强、小有所成，是让人羡慕的对象，所有人都不明白她们为什么得不到幸福的爱情。走进我的咨询室，她们才知道自己有鲜为人知的另外一个模样。

我写的这些姑娘B、C、D、E不是指某个人，而是我把某些人的特点综合起来，找出其中的共性，所以不要对号入座。也不知道为什么，来找我咨询的就是姑娘居多。没有性别歧视，她们敢于面对自己的内心，其实比很多男人都勇敢。

我必须找没有上进心、不优秀的男人

姑娘B说，她最受不了不上进的男人，可是她男友却偏偏是个不上进的人。姑娘B经常为此跟男友吵架，对他非常生气。

姑娘B说，她离不开他，也不知道为什么。男友虽然不上进，但还是有很多优点的，比如说关心她、体贴她、细心之类的。

我问B，这些和上进心相比哪个更重要呢？

B沉默了。她很想认为，上进心才应该是男人的灵魂，有上进心

的男人很有男人味。然而她不理解，为什么自己谈了几个男友，都没有上进心。

我和B玩OH卡（即潜意识直觉卡），探索潜意识。过程中，我问到B，有了上进心会怎么样呢？

B说，就会变得优秀呀。

我问，假如你男友变得优秀了，并且因为他的上进心，他会越来越优秀，你跟他在一起会有什么感觉呢？

B说，很好啊。

我问，那你还会跟他在一起吗？会很开心吗？会很幸福吗？还会感觉很亲密吗？

B又沉默了。我们探索后发现，B的内心深处是很害怕男人优秀和上进的。她内心深深地觉得，男人如果比她优秀，就会抛弃她。男人如果不断上进，她跟他的差距就会越来越大，他就会抛弃她，找别人去。

这就是B潜意识里的信念：人们都喜欢优秀的人；男人都喜欢优秀的姑娘；我不配优秀的人喜欢我，因为我自己不够优秀。

看起来风光自信的姑娘，骨子里竟然如此自卑。B从来不敢面对自己这部分。她不敢跟上进心强的男人在一起，这种男人很容易优秀，她会没安全感。

因此当B遇到上进心强的男人时，最多远远地花痴一下，却不敢跟他建立亲密关系，觉得自己很差、很自卑、很危险。

但是在没有上进心的男人面前，B就不一样了。

在这样的男人面前，B 就是有上进心的、优秀的。只要她相信“优秀就被人爱”，她就能感受到自己是好的，就会坚信自己一直被爱，就会感觉很自在。

B 自身没有办法确认自己是好的，需要镜子才能确认。所以 B 离不开不上进的男人，更不能跟有上进心的男人在一起。B 的潜意识里要选择她现在的男友，即使换一个男友，潜意识也会让她换同样类型的男人。

而且 B 需要不断责怪男友不够上进。每一次责怪，意识里都很愤怒，很讨厌男友的这一点。但是细细觉察后发现，B 感受到了责怪背后的优越感和熟悉感。

B 骂男友的时候，体验到了“我是好的”的优越感。她不骂男友的时候，就感受不到自己是好的了。

所以，愤怒是 B 潜意识里的需要。愤怒的时候，其实是她在证明自己是好的、是值得被爱的。

她需要不断地挑剔、嫌弃男友，才能感觉自己的存在。她注定要不断找出理由来骂男友不够好，才能做自己。

让姑娘 B 离不开的，并不是男友的体贴，而是当她无法确认自己时，需要借助于男友的存在，才能成为她自己。在男友面前，她感受到了自由、安全、价值，所以愿意和男友亲密。

男友也只能越来越不上进，才能配合 B。

我必须找对我不好的男人

姑娘C说，她对每任男友都很好，却把男友都逼成了王八蛋。C对每任男友体贴、照顾、关心、理解，然而男友对她都是冷漠、忽视、责怪。

刚开始听C讲她怎么对男人的时候，我很是嫉妒。这么好的姑娘怎么就没让我摊上？他们还不懂得珍惜，硬是把这么好的姑娘给抛弃了。

我和C玩了OH卡。我问：假如男友对你好会怎样呢？

C说出了真相，她很受不了别人对她好，更受不了男人对她好。

C的潜意识里坚信：别人对我好，我就要回报他。别人对我一分好，我就要回报他十分甚至一百分好。我不能欠别人的，否则别人会嫌弃我。

正是因为C坚信着这些信念，所以她不敢接受别人的好，更不敢接受别人对自己太好。虽然奢望无条件的好，但她根本不敢要。所以别人对C好的时候，她会很有压力，想躲开。

每当男友对C好的时候，C会怎样就显而易见了。C会觉得很有压力、很烦躁和愤怒。C的潜意识语言是：

为什么要对我好？我好有压力呀。我还不起怎么办？我不想还怎么办？你为什么要逼我！为什么要让我做这么多！我要离你远远的。

时间一长，会怎么样呢？

C必须把男友变成王八蛋，这样才觉得踏实。在我们心中，王八蛋都有这个特点：我对你好，但是你不会对我好。

我对你好的过程，完成了我是个好人的过程。只要我坚信“对别人好就会被爱”，那么在我对你好的过程中就实现了我的存在和价值。

然而你不能对我好。你对我好，我会感觉自己没法回报你；我不能回报你，就没法实现我的价值；实现不了我的价值，就觉得自己不被爱了。所以你对我好，实际上是在阉割我。我焦虑惭愧的时候，就没法跟你亲密，因为潜意识里太害怕被你抛弃了。

C 意识上在找一个对她好的人，但是潜意识里不能找对她好的人。即使找到了对她好的人，也要把他变成对她不好的人，以让自己有价值。

所以，C 会不断地责怪男友。在责怪的过程中，C 感觉到自己是个好人，感觉到了自己的价值。借助于把男友变成王八蛋，C 成就了自己。

她这时候是满足的、放松的、喜悦的，也就敢于亲密了。而男友爱她的方式，只能是把自己变成王八蛋，好成就 C。

我不能找对我专一的人

姑娘 D 谈的几任男友，都是已婚人士。D 鄙视“小三儿”，却当了别人的“小三儿”，而且不止一次。

同样，我和 D 也玩了 OH 卡。在 OH 卡中，当看到两个人亲密的时候，D 既向往又恐惧。

D 是恐惧亲密关系的。每当想到要跟一个人白头偕老、从一而终的时候，D 就窒息到想逃。

我和 D 一起探索了下，D 有两个潜意识里的担心：

• 害怕把自己的一生交给一个人，那太危险了。万一被抛弃了怎么办？

• 万一自己哪天后悔了，人家却很投入，伤害了人家怎么办？

D 并没有准备好进入一段持久的婚姻，她害怕。每当有男生追她的时候，她都不能答应他做他女友。因为谈了恋爱就要结婚，结婚就要过一辈子，可是她还没准备好把自己交出去，那就不能走入恋爱。

每当有一点点“一辈子”倾向的时候，D 就会害怕、退缩。每当别人对她专心投入的时候，她就会害怕。

那么什么样的关系，既可以有亲密感，又不用有“我要把自己的一辈子交给他”的感觉呢？就是找一段明知道不会有未来的关系，这样就不用担心一辈子的问题，也不用担心人家会对自己过度投入的问题，而且还可以享受当下的亲密。

D 背后有着深深的依赖和恐惧。太想投入一段关系，又不敢投入关系。所以只能找不专一的关系，让自己随时可以撤退，这种关系既让她伤心失落，同时也让她感觉轻松。

我不能有钱

姑娘 E 是个非常能干的人，聪明、努力、有能力。E 也是个“月光族”，不知道钱花到哪儿去了，反正就是存不下钱。

在 OH 卡中，E 看到了有钱的坏处：有了钱，别人就会来找我借；有了钱，就得帮助别人，就得给妈妈赞助。

E 觉得，她妈妈如果看到她有钱了，就会要她支持弟弟，或者用各种理由找她要钱。可是 E 一点都不想帮助别人，更不想帮助弟弟和妈妈。

意识上，E 不允许自己那么自私。因为她坚信：做人，要尽己所能帮助别人；做人，要懂得感恩父母家人，力所能及地帮助他们。

但是潜意识里E是厌倦这么做的，这让她觉得被逼迫和有压力。她不接受自己的自私，认为做人不能自私，可她又不想帮助别人。那怎么才能实现呢?

没有钱是最好的答案。

不是我不想帮你，是我真的没钱啊。

有了钱却不帮你，我会内疚。我没钱不帮你，你不能怪我了吧。

所以，无论E多努力，她都不能有钱。

每段关系都是潜意识的结果，无论是跟人的关系，还是跟钱、工作、成功等的关系。

另一个人怎么样，其实有一部分是你决定的。

我相信，一个人如果真心想得到某样东西和某个结果，他一定能调动全身心能量让自己获得，心想事成。然而如果一个人心想却总是事不成，过得不怎么如意，一定是因为他潜意识里不敢改变、不能改变。

如果你不去了解自己的潜意识里发生了什么，将一直在自己的限制里轮回。

一个人之所以选择不幸的现状，并不是因为没有能力，而是意识里想改变，潜意识里却因为承受不了某些恐惧而不敢改变。

现状之所以被持续，是因为它是获益的。

很多不幸，都是自找的，是潜意识故意的。当然，不是全部的不幸都是，你得学会去了解自己。

做个敢于伤害别人的坏人

对于有些人来说，人世间最难的事莫过于两件：

• 拒绝别人的要求。

• 对别人提出要求。

比如在火车或飞机上，隔壁老王的声音、味道、东西都影响到了你，然而你只能一点点忍让，无法拒绝他侵入你的边界，更无法提出请他尊重你的要求。然后，你恨不得将老王抽一顿。

比如隔壁老王找你帮忙，拒绝的理由你想了一万个，最后嘴巴里挤出来的竟然是一个“好”字，甚至还贱贱地搭上一句“没问题，放心吧”。然后，你恨不得将自己抽一顿。

比如你遇到困难需要人帮忙，而老王恰好有这个能力，你想都不想，来了一句：我能自己做，尽量不麻烦别人。然后，你委屈、自责、怨恨。

总有些人不顾自己的感受，义务干活，义务吃亏，受苦受累，大肚能容。我经常被他们的意志力折服，很想问一句：你是怎么舍得这么对待自己的，是怎么坚持下来的呢？

后来，我发现这些人是自愿不拒绝的。对于自愿的事，谁都没办法。

拒绝别人是有代价的。

在他们的世界里，拒绝别人，是会让别人失望受伤的。提出要求，是会给别人带来麻烦的。这两件事是万万不可做的，比自己死还难受。

所以，他们宁愿委屈死自己，也绝不让别人受伤；宁愿辛苦死自己，也绝不给别人带来一丁点儿麻烦。

潜意识是非常聪明的存在，它会自动选择对你来说重要的东西。你做的一切选择，其实都是对你最有利的。

当你面对两个选择：一个会让你吃亏、委屈、辛苦、劳累，但是会维持你的好人形象，给别人带来利益；一个会让你轻松、快乐、获保护、受益，但是会破坏你的好人形象，给别人带来伤害。好人形象与不辛苦，你会选择哪个？

不辛苦固然重要，好形象更重要。两者不可兼得，当然保留最重要的部分了。虽然你吃亏、委屈、辛苦、劳累，但是你维持了自己的好人形象啊。

不能拒绝，其实是不想拒绝，因为它让你获益了。

人生只有选择，没有对错。

对于你这种受苦受难、大慈大悲、舍己为人的菩萨心肠，我只有一句话想对你说：为你点赞。

既然是自己选择了不拒绝，还委屈啥？因为既想要轻松不委屈，又想要好人形象闪闪放光。

两者不可兼得怎么办？

都怪你，你不该对我提要求、不该侵犯我的边界、不该不主动识别我的需求、不该不主动满足我、不该不主动理解我。

假如你从不曾对我提要求，假如你可以主动理解并满足我，那就完美了：我没有拒绝你，没有对你提要求，没有影响我好人的形象；我还不用委屈自己，轻轻松松，得到了满足，爽爽的。

这个梦，多美。

可是对方没有很好地配合你，你就对他生气了。委屈，就是一种生气的表达形式，是一种被动攻击。你生气的只不过是对方没有满足你两者都想要的愿望。

因此，不能拒绝别人时会委屈，只是因为自己太贪心，轻松的感觉和好人形象两者都想要。

怎么能光明正大、大义凛然、义正词严、斩钉截铁地拒绝别人呢？答案就是：做个敢于伤害别人的坏人。

拒绝别人提出的要求，潜意识里会让人感觉到自己失去了好人的形象，会伤害别人。除非你敢于伤害别人，不然你说不出“不”字。

伤害别人，对于很多人来说是一个禁忌，是万万不可做的，是宁死绝不做的。所以，他们宁愿累死自己，也绝不伤害别人。

可是，拒绝别人真的这么恐怖吗？

其实没那么恐怖，是你把他人想得过于脆弱，承受不起你的拒绝。因为你很脆弱，你承受不起拒绝，就把别人想得跟你一样脆弱，这就是投射。每当别人拒绝你的时候，你就会受到一万点的伤害，心像被浇了冷水一样，你就投射性地认为别人也会受到这种伤害，所以你不忍心拒绝。

你怕的不是伤害别人，而是怕伤害别人后会失去关系。你太需要跟他人保持关系了。

无论你有意无意，两个人之间的伤害都不可避免地要发生，这是必然事件。

在大海里航行，没有不受伤的船。在河边走久了，没有不湿的鞋。即使你再小心，伤害还是会发生，甚至越小心，伤害越容易发生。伤害度不与小心值成正比。

除非你跟一个人只有一面之交，不然你们相处下去就会有伤害。然而只有一面之交，你的好形象也会随风飘逝。

既然一定有伤害，为什么不是这次呢？起码这次你可以照顾一下自己，不那么委屈。

伤害别人和失去关系是两个概念，不要混为一谈。伤害别人不一定导致关系破裂，不伤害关系，关系也不一定不破裂。

好的关系一定是这样建立起来的：伤害一下，建设一下。

这样交替进行、缝缝补补，才形成了好的关系。不曾经历伤害的关系、一伤害就破裂的关系、委屈换来的关系，你要吗？

只保护不伤害，是换不来真关系的。

我们不敢拒绝别人，除了怕伤害别人，更深层的原因是怕伤害自己。

拒绝别人，自己首先会心慌、会焦虑、会紧张，需要很大的勇气才能说出拒绝的话。需要勇气说出来的话，大概除了表白，就是拒绝了吧。

表白我们会紧张，是因为怕被别人拒绝。那拒绝别人，怎么也紧张呢？因为潜意识识别到这样可能会带来伤害，总感觉一些危险会随之而来。这种危险的感觉，把自己吓得不敢拒绝了。

拒绝别人，从小就不被允许。

你要是敢拒绝妈妈的要求，妈妈是不会放过你的，她会说你：倔强、不懂事、白眼狼……甚至会打你。你所谓的倔强，只不过是不愿意服从妈妈的安排。

妈妈会想尽各种办法让你知道：你乖乖地服从安排，才是最安全的方式，不然有你好受的。虽然你可能进行了很多反抗，但那种伤害被真实地保存了下来。你要是敢跟她提要求，那更要命。你回忆一下跟妈妈提要求的情形吧，我不忍心替你回忆了。

拒绝和提要求，对你来说很可能是遍体鳞伤的记忆。做一次，受伤一次；做 1000 次，受伤 1000 次。你还愿意做第 1001 次吗？

这就是习得性无助。小象的脚被捆住了，小象每挣脱一次就被绳索伤害一次，第 100 次后，小象知道只要一挣扎就会脚疼，就不敢再轻易挣扎了。那种疼的感觉刻骨铭心，小象不愿多尝试一下，宁愿忍受着现在的痛苦。

拒绝别人带来的被威胁、被恐吓的感觉，在潜意识里会一直记忆着。

可是，你长大了，你有力量了，你不用再怕了，再也没有人能随便伤害你。即使你拒绝别人，别人也不会再伤害你。是你，太害怕了。

拒绝不了别人怎么办？

不拒绝。拒绝的代价实在太大，会影响自己的好人形象，会给别人带来伤害，会有失去关系的风险，会担心别人伤害自己。你承受得起这种风险吗？

能承受得起这种风险的人才有资格拒绝，承受不起的人，只配委屈自己。

你不需要那么坚强，你也是个孩子啊

人一定要坚强。

不知道从什么时候开始，坚强成为一种文化与高级追求，渗透到了很多人的骨髓里。

印象中，当我们谈论“女人”这个词的时候，更多的感觉是像水一样柔软、喜欢依赖、需要男人呵护与保护。然而在当下时代里，却流行起了“女汉子”“女强人”等字眼。有时候我很为她们感到心疼，因为她们真的相信：这个时代，谁都靠不住，只有靠自己；谁都不能依赖，只能自己强大。

听着都让人心酸，这得对人多绝望才能这么想。

同样让人心疼的，就是比女强人更加坚强的一些男人。他们坚信：男人不能脆弱、男人是片天、顶天立地男子汉、男儿有泪不轻弹……一种强烈的悲壮感在里面。文化赋予他们要坚强、要勇敢的含义，比赋予女人的还要深远。

我们经常看到很多人，真的很坚强、很独立，他们事业有成，所向披靡，获得了很多成就。然而我无法羡慕他们，因为他们在另一片世界——感情里，过得非常贫瘠。

那些非常坚强的男人和女人，感情生活通常都不怎么顺利。

坚强的人，会丧失一种能力，叫作依赖他人的能力。

依赖是幸福的，依赖的时候你会感觉自己像个婴儿一样，获得了呵护与滋养，觉得非常安心。婴儿状态，是一种多么幸福的存在。

依赖他人的时候，人就成了一个婴儿。

一直坚强的人，一直都是个大人，丧失了成为婴儿的能力。他们独立且有能力，不需要别人照顾。其实他们并不是不需要别人照顾，而是不相信有人能照顾他们。

很多人不敢依赖，因为依赖是危险的，依赖意味着要交出自我，交由别人控制，而别人不可控。除非很信任一个人，不然会怕得要死，宁愿把自我攥在自己手里。

不依赖的确是安全的，同时也是劳累和孤独的，意味着在你的世界里什么都要自己扛。

有位女士，成功人士，开公司，收入是老公十倍之多。在外精明能干，在家勤劳持家。她从小就非常优秀，从来不知第二名为何物。她看起来那么坚强开朗，却总是焦虑而劳累，以至于身体频出毛病。在跟她做探索的时候，我说了一句话，然后她就哭了。

“你还记得吗？你也是个女人啊，也需要被保护。你还知道吗？你也是个孩子啊，也需要被宠爱。”

她说，周围的人能力都比她差，谁能保护她呢？

我问她，处理事情能力比你差的人，就不能被你需要了吗？你可曾向一个人诉说你的苦楚，获得他的安慰后痛哭流涕；你可曾依偎在一个人的怀里，忘记了时光，仿佛他就是你的全部；你可曾问一个人如果你一无所有了，他是否愿意养你后半生不离不弃；你可曾向一个人勇敢地发出你的脾气，然后问他是否愿意继续宠爱与包容你。

一个人的工作能力比别人强，不意味着其心理和情感能力也比别人强，不意味着其方方面面都比别人强。并不是一个人的工作能力强，其他方面就不再需要别人了。

你脆弱的时候，正是你可以去需要和依赖的时候。

那些强壮的男人们更是如此，他们坚持认为，老人和孩子都是不能依赖的，老婆是用来疼的，也不是用来依赖的。实际上他们不知道的是，一个女人如果所有方面都不被老公依赖，那她就无法与老公连接。

我们每个人都有坚强的一面和脆弱的一面，都有坚强的时候和脆弱的时候。**一个人比较健康的状态就是：坚强的时候，愿意去照顾别人；脆弱的时候，敢于去依赖别人。**

很多人说不敢去依赖，怕自己受不起别人的爱，实际上是否定了自己坚强的时候也可以供别人依赖；怕别人承受不了你的依赖，实际上是对他人能力的一种全面否定。

每个人的内心，都有小孩的一面。即使你活到老去，内心依然会有个小孩。即使你外在非常强大，内心依然会住着一个小孩。

“内在小孩”的特点是：很脆弱，很无助，很需要别人的关注、认可、保护等。如果一个人不肯承认自己“内在小孩”的一面，不肯正面地承认自己的依赖和需要，就会变相地去表达这一面。比如通过愤怒、控制、权力等方式，来表达自己的需要。

要求自己坚强的人，会把自己架到很强大的一面来表达自己的需要，这样既可以被满足，又没有打破自己强大的形象。

每个人的内心，都装着“内在成人”“内在父母”“内在小孩”的角色。

“内在成人”的部分是我们喜欢有界限地、平等地与人相处。我们这一面出来的时候，呈现的是界限、尊重、平等、和谐。

“内在父母”的部分是我们很喜欢帮助别人、给予别人、爱别人。我们这一面出来的时候，我们很想跟他人融合，满足他人的需求，看到他人因为得到自己的爱而感到开心。

正常人的生活，就是“内在小孩”“内在父母”“内在成人”三个方面根据情境来适当切换。像妈妈一样对他人，又有像小孩子一样的需求和依赖，是正常且必然的现象。

人必须要有脆弱和依赖的需求。

不敢依赖，对有些人来说也是一种怕失去。

有时候，依赖反而是好的。

一个人正是有了依赖，才可能与他人建立感情。感情的建立，不是因为你很坚强所以我跟你有了连接，而是因为你很脆弱我才有机会跟你连接。

坚强的人一直在照顾脆弱的人却从来不肯依赖，这会让脆弱的人对坚强的人越来越依赖，也越来越恐惧，让坚强的人压力越来越大而越来越想抽离。

这就是为什么一直坚强的人，往往无法建立真正的亲密关系。因为他不肯承认自己的脆弱，不肯暴露自己的脆弱，更谈不上把脆弱交给别人，去依赖别人。

一个只想依赖不想坚强的人，是不健康的；一个只想坚强不想依赖的人，也是不健康的。

如果你对一个人的愤怒过多、总不满足，可能是你的依赖过多了，超出了对方的承受能力。你需要学会坚强——“鸡汤”是对的。

如果你觉得自己过得很累、很孤独、压力很大，可能是你丧失了依赖的能力，不肯让别人帮助你、抚慰你。你需要学会依赖——请别再相信“鸡汤”。

我常常觉得，一个只肯坚强不肯脆弱的人，就像是独自战斗的战士一样——他必须自己战斗，因为他不肯接受别人的帮助。

他不能停止战斗，因为他不相信任何人能帮他。即使他相信，他也只是在自己的安全范围内接受别人一小部分的帮助。他不肯脱下盔甲休息，因为他要随时保持能战斗的状态才能保护自己。所以他从来不曾真正休息，一直很累，直到习惯。

真正的休息，就是依赖。

你不需要自己战斗，你最爱的人、你身边的人，很多人都愿意替你战斗一程。也许帮你解决不了工作或金钱，但至少能给你支持、勇气与力量，给你接纳、包容与宠爱，给你心灵上的抚慰。

坚强了那么久，你还记得吗？你也是个孩子。

无论你长到多大，都可以在某些时候成为某个人的孩子。

把心打开，那个人随时都在。

把心锁死，那个人就进不来。

或者，你把心交给我一会儿，至少我愿意给你陪伴，愿意陪你一起看看那被你关起来压在心底的还是孩子的你——他那么需要爱，需要呵护。

你有看他一眼吗？

又累又不开心，是你主动选择的

今天见了一个很久不见的老朋友，相见甚欢。作为一个心理咨询师的坏处就是，这些人见了我就喜欢跟我吐槽最近过得怎么不好。

老朋友不到 40 岁，身体开始出小毛病了，越活越觉得不开心，压力大，经常觉得没意思。

我说："这么多年了，你还是给自己找那么多压力，折磨自己的身体。人如果惯性地处在焦虑中，焦虑就会伤害身体。因为人焦虑的时候，身体就会处于应激状态中紧绷着。想象一下，你的每个细胞每块肉都在紧绷着，会怎么样呢？你这样折磨自己再不出点毛病，我会感觉我白对自己好了这么多年，也太不公平。"

他说："没办法。工作多且急，感觉天天像是在救火。家里也一堆事都得我操心。"

我想这是一个很常见的现象了：

在工作中，老板安排的活多，总是要加班加点火急火燎地完成，不像是在推动工作，像是在被工作推动。在生活中，对七姑八姨、亲戚朋友、上老下小事事操心，家里那位也不怎么管。对自己，想读书、读报、健身、养生、学习、成长、充电。

总是感觉工作与生活中大事小事很多事要做，还每件都想做快做好，结果就是焦虑。然后一件事没做好就自责焦虑，就更想做好，就更焦虑。每天都这样，焦虑这个应激状态下的反应就成了常态。

继发现象就是：脾气大，老忘事。你老紧绷着，实在是像在走钢丝绳，对情绪没有多余的容纳力，储存量大了漏东西多也再正常不过了。

我问他，你开心吗？他说，不开心。

然后我问，那你为什么还要这么做？他说，没办法。

我们来聊聊“没办法”这三个字。

想象一下，有一次你因身体不适，到了下班时间，工作没完成，在没有领导现场监督的情况下，你会怎么办？

很多人的做法是：熬夜做完。然而我会这么做：下班。第二天到单位去跟领导表达：对不起，能力有限，没完成。

当然我不会说得这么直接，我会用领导能接受的方式委婉地告诉他。不要说这样会被辞退之类的话，这是焦虑，也是概率很小的事件。其实你熬夜加班做完工作，并不是你怕被辞退而做，而是你内心根深蒂固的两个信念在推动你：事情要做好，自己要优秀。

生活和工作中很多焦虑都是这么产生的。

这两个信念会推动着你在做事情的时候程度上要做得尽可能深，时间上要尽可能短，质量上要尽可能高，给自己安排的事情尽可能多，接受安排不拒绝的事情也尽可能多。

结果……你知道自己会怎么走进某院焦虑科或精神科的门诊。

你是个很有责任心的人，所以想把事情做到最好。但是你恰恰忽视了，有时候要想把事情做好，会将自己搞得不开心、不轻松、不幸福。如果是我，我会问自己：

• 事情重要，还是开心重要？

• 事情重要，还是轻松重要？

• 事情重要，还是幸福重要？

• 事情重要，还是身体重要？

• 事情重要，还是自己重要？

如果两者发生冲突，你先照顾哪个呢？

如果我的回答是：当然事情重要，责任重于泰山，开心算什么。那我会果断放弃轻松娱乐、休息约会的时间，果断地投入到比泰山还重要的伟大的工作事业中去。

如果我的回答是：开心比事情重要，那我会优先于开心。上班的时候事情比开心重要也就罢了，下班了还要折磨自己？工作让我很开心那另当别论。

如果对一个人来说，当事情跟开心产生冲突的时候，他惯性地会选择事情放弃开心，就会失去开心的能力，陷入挫败和焦虑的常态里。

优秀也是一样。优秀更重要还是开心更重要？

我相信随着时间的增长，优秀是必然的结果。只不过是现在多努力些，优秀会来得快一些、早一点。那么问题就是：提早优秀重要，还是现在开心重要？

每个人都有自己的答案。我只是提醒你，这是你的选择。你可以有别的选择，只是你没有选，而不是“没办法”。

人为什么会惯性地把事情放到比自己更重要的位置上呢？为什么宁愿照顾好事情，也不愿意照顾好自己呢？

“事情要做好”“自己要优秀”这两个信念，被我们从小的教育无情地贴上了符咒，禁锢了我们的一生，让我们一生都活在这个符咒的诅咒里，难以解脱。

这个符咒就是：这是对的，这是应该的，不这么做就是错的，就是不应该的。

对很多人来说，事情做对或做错才重要，做得开不开心不重要，轻松与否不重要，爽不爽不重要。他们意识不到，做事情除了对与错以外，还可以有别的选择。

我想告诉你——

做事情，除了做对或做错这个标准外，做得爽不爽也是一个标准。这两个标准有时候重叠，有时候冲突。你可以选择前者，也可以选择后者。你选择前者没关系，那就接受自己为什么总是活得不开心、没生命力、身体免疫力低。

身体是个忠诚的存在，你都这么不在乎它，它干吗要在乎你呢？

你只爱事情，并不爱自己；你只在乎对错，并不在乎自己的感受。你如此忽略自己的感受，怎么能越活越开心呢？

因此，**当你觉得又累又不开心的时候，不要抱怨，不要哭泣，那是你主动选择的。**

有些人还会冠以责任的名义，说人做事要负责任。

责任也是人逃避自己开心的一个手段。我同意人要负责，但一定要以牺牲自己的开心为代价吗？

实际上，对于很多人来说，潜意识更深层次里是不敢开心、不敢轻松。开心的时候、闲着的时候，人会真正焦虑，会给自己贴上自私及浪费时间的标签，会不允许自己那么做。把自己搞得很忙很累，虽然怨声四起，但是熟悉、踏实。

我把这种现象叫作：不敢快乐综合征，不敢轻松综合征。

你从小就不被允许闲着，不被允许开心。你要是不总做点事情，就会被骂；你要是敢不苦大仇深，你爸妈就跟你有仇似的；你要敢重视自己不重视事情，后果常常不堪设想。所以长大了你也不敢轻松快乐，一定要找很多事情来做，把自己搞得焦虑起来。

人不是因为有很多事情要做而焦虑，而是因为自带了焦虑需要找很多事情做。

因此当你很累的时候、身体开始频出状况的时候、总是很焦虑睡不好吃不香的时候、越来越感觉到生活没意思不怎么开心的时候，我都只想说一句话——你喜欢就好。

然而当你开始学习另一个维度、另一个体系、另一个标准的时候，可能就会不一样。当你开始把做事情是否轻松、是否开心作为标准的时候，你就会开始照顾自己的心情，照顾自己的感受了。

这就是爱自己。

这时候焦虑才会真正缓解。**缓解焦虑的方式不是拼命做事情，而是停下来，照顾一下自己的心。**

你开始在意自己是否开心，才能真正活得开心。这不是自私，这是爱自己。

我也想优秀，想把事情做对、做好；我也想快速成功，想出人头地。这些都是我想要的。但是我更想要轻松快乐每一天。谁都不能剥夺我的选择权。

放过自己。

你没有被原谅的经验，就不会想到去原谅别人

讲一个关于犯错的故事吧。

一个姑娘想吃汉堡，就让男友去肯德基买。男友是那种木头木脑的人，听到这个要求后傻笑了一下就出门了。到了肯德基，男友想姑娘这么萌，就给她买个儿童套餐吃吧，反正都是肯德基出品。然后他就带回去了，看也不看。

到家姑娘打开一看，儿童套餐的配置是——黄金鸡块、薯条，还有一杯可乐。很遗憾，汉堡没在里面。

你能想到姑娘那时候的心情吗？对于这样一个听不懂人话的男友，暗骂他十万次都不解恨。

很多人会说，有个爱你的男友就不错了。不要觉得姑娘作，毕竟姑娘等了这么久，心怀期待，钱花出去了，想吃的汉堡却没吃到。

男友的确错了。因为他的印象里，肯德基只出品汉堡，儿童套餐和成人套餐无非是大汉堡和小汉堡的区别吧。

听到这个故事的时候，我忍不住发出了杠铃般的笑声。两个人实在萌得可爱，这大抵就是恋人之间的常态吧。

不过我很好奇：这件事真的不大，可姑娘生的气很大。

恋人之间很多的生气都是因此而产生的。

你做错了，我很生气。

你越道歉，我越生气。

你不道歉，我更生气。

你狡辩解释，我更生气。

总之，你错了我就生气。这种生气，真的很难原谅。你把希望寄托在一个人身上，他却让你失望。他犯的错误给你带来了切实的伤害，打乱了你的计划，影响了你的生活。

身边的人犯了错，不去原谅他，进行高浓度、高强度的指责，是我们常做的一件事。很多时候事情本身其实并不大，但我们的怒气却非常大，显著高于事情本身，仿佛对方犯了不可饶恕的错误一样。

比如孩子拖拖拉拉、打翻了牛奶、做错了题、没有礼貌等错误行为，都是正常的，是孩子成长的必经之路。然而有的妈妈却会暴跳如雷，愤怒值非常高，让人匪夷所思。

对于陌生人犯错，我们的生气更会让自己瞠目结舌。对于别人不小心踩了自己一脚、乱丢垃圾等行为，我们有时候会大骂一声，那声音足够吓着自己。

错误，一直都是一个很好的生气理由。

是的，错误只是一个生气的理由，是导火索，并不是真正的原因。

如果你对一个人生气了，那么你的情绪是有三个来源的：

情绪浓度 = 当下事件的刺激 + 近段时间的残留 + 童年创伤记忆

他人犯了一个错误，给你带来了影响。这就是当下事件的刺激，让你小小地不爽。当下这件事情的刺激能引起人的愤怒是有限的。

如果你近期总是不爽，就会放大他人的错误，把很多火发给他，让他来为你的情绪埋单，俗称“撞枪口”。

生气的意思是你要照顾我。最近都没有人照顾我，正好碰上你了，你要替欠我的这些人一起来照顾我，一起还上。

如果你近期过得比较爽，因为环境、他人对你的照顾很多，那么当你遇到一个人犯错的时候，你就可以照顾他了，就不太会计较他的错误。

这就是爸爸妈妈在单位被领导骂了，回家发现孩子做得不好而容易发火；在单位被领导夸赞了，回家就会对孩子格外亲切的原因。

人的身体本身就存储了很多情绪。

这些情绪是人从小带到大的。小时候你对爸爸、妈妈、老师、亲戚、小朋友的愤怒如果因为某些原因不敢发泄，就会压抑、储存到身体里。你的身体会因此变得有些僵硬，不再柔软。这时候谁要是惹你了，你就会大量地把愤怒释放给他。

小时候如果被温暖、被爱，长大了就容易对人宽容有爱，不容易生气。小时候如果总是被忽略、孤立、委屈，长大后就会对世界充满天然的敌意。

生气情绪的三种来源的强度逐级加大。当下事件的刺激是临时存储，装不了多少愤怒。近期事件残留较少，是短期存储。童年创伤记忆储存得最多，是长期储存。

如果你对一个人很生气，跟这个人的错误关联其实并不大。你只是把早年重要养育者不能照顾你的愤怒，把近期他人和环境不能照顾你的愤怒，都加到这个人身上，希望他能好好照顾你。

生气其实就是在说：

你怎么可以不听我的！

怎么可以不哄我、不宠我、不以我为中心！

你怎么可以不照顾好我！

我要报复你！

真正让你生气的，并不是他错了，而是你自带了很多情绪需要找人发泄。你只是需要一个理由来生气。

要发泄生气，是一件很简单的事。

你只要抓住一个人的错误不放就好了。你只要有这样的期待，就必然能得逞：

- 你一次都不能错。
- 我决不允许你犯任何错误。
- 如果你胆敢犯一次错误，我决不原谅你。

有没有觉得自己很苛刻呀？其实你比自己想的更苛刻。

当然，你可能不承认自己是这样法西斯式的人，那我问你，他哪次犯错你原谅了他，没有生气呢？

这次错误，你很生气，不原谅他，不允许他犯错。上次呢？你原谅和允许了吗？上上次呢？你觉得下次他犯错没做好的时候，你会不生气而原谅他吗？

这次不允许，上次不允许，下次也不允许。那总结起来其实就是一句话：

我一次都不允许你错！一次，都不能！

这就叫绝对化的期待。一旦有了绝对要求别人怎样，别人就会有做不到的时候，你就可以顺理成章地掏出你的情绪来了。

来吧，宝贝。

我已忍耐许久。

原谅别人做得不够好，对你来说，是件很陌生的事。

无论是原谅别人，还是被别人原谅，对你来说，都是很陌生的。仿佛这个世界的法则就是，有错就被骂，做不好就被骂。你自己被这么对待，然后也这么去对待别人。

宽容，像是只存在于教科书和电视里，跟自己无缘。

如果一个人做错了，其实他是恐慌和害怕的。他的行为可能是胆战心惊地等待被惩罚，可能是强势反击避免被责怪，也可能是解释狡辩证明自己没有错。但无论行为上怎样，人对于自己做错了都是有恐慌和害怕的。我们无法承载这种害怕，就会采用一系列应对措施来保护自己。因为我们的潜意识知道：没有人会保护我们。

但是你知道吗？一个人在犯错后的担心中，如果听到一句“没关系”是件多么温暖的事情，如果再变成“没关系，你已经很好了”是怎样一种感动。

被原谅，是一种非常美好的感觉。

那揪着的心，会放下来；那紧绷的神经，会松弛下来。像一个泄气的气球，毫无张力，软软的，并且会感受到自己跟眼前这个人有了很特殊的连接和亲切感，有了进一步的感动和感情。

当我们感受到来自他人的温暖时，自己也会变得温暖起来。给别人温暖，也会让自己温暖。原谅别人，可以增进感情，可以体验温暖，也可以留住感动。然而这么美好的事，为什么我们不愿意去做呢？

你没有被原谅的经验，就不会想到去原谅别人。

小时候，每当你犯错，得到的回应都是：你敢错，爸爸妈妈就敢生气。

每当你错了，就会被情绪、语言，甚至肢体惩罚。久而久之，你的潜意识就总结出了一个规律：我一次都不能错。

长大后，你对于别人的要求也会重复当年自己的命运：你一次都不能错。

可是对于小孩来说，打翻了牛奶、考试没考好、说错了话，不应该告诉他这是不被允许的，而要用你的爱告诉他：人都会犯错，犯错是被允许的，是可以被原谅的。

犯错了没关系，我们可以总结反思，下次怎么做可以更好，然后欣赏自己的错误和智商。

如果你从小被这么对待，长大后就有了原谅他人的能力：你这次错了没关系，下次如果你那样做我会更开心，我相信你下次可以做得更好。

有人并不相信他人下次会更好。他们的理由是：有了第一次就会有第二次，没有改正的态度永远都不会改变……

提醒一次就要全部改正，也是很苛刻的要求。多一些耐心，多一些宽容，就多一些爱。

不要拿些冠冕堂皇的理由来合理化自己的苛刻。要求别人快速改正，不过是你控制欲没有被满足的托词。你想让他绝对满足你。

这次你错了，没关系，我原谅你，下次你可以做得好点。

下次你又错了，没关系，我原谅你，下次再注意。

直到，你习惯了他就是改不了，或者他真的改了。你总是会失望的，因为控制一个人，成功的概率的确很低。0 ~ 12 岁的孩子除外。

不要拿那些出轨类的不可原谅的错误来找碴儿。

如果真的无法原谅，无法允许一次发生，无法允许一直发生，就离开吧，无须生气。

如果爱，不想离开，不如选择原谅。

我原谅你这次没做好，因为你值得拥有被宽容的美好和温暖的感觉。

我原谅你，跟你在一起就是会有被爱、会有受伤，这是我可以承受的，无须你为我负责。

你有你的局限、习惯和思考方式，我不想改变和控制你，我尊重你如你所是。原谅别人会有失控感，但我依然选择如此。我原谅你，其实就是我尊重这就是你。

犯错，是用来被原谅的。通过原谅，我们实现了感情建设。

一直以来，你对自己也是这样的。做不好、做错的时候，从来不肯原谅自己。对自己生气，后悔，自责，跟自己较劲。

你的思考方向通常是“为什么又错了”，而不是“我现在可以怎么做”。你对自己没有耐心，对自己没有原谅，对自己不够宽容。你并不想做好，你只是想沉浸于那种责怪的感觉，就像小时候无数次被责怪一样。

人并不值得被原谅吗？哪怕是自己。

如果这次没有做好，你能原谅自己吗？

有些事不是你的错，但还得你来承担

我写了很多家庭如何影响人的文章，重点说了“妈妈是如何把你捏成现在这个熊样的”，然后就有人不爽地留言了：

你把自己现状的责任推给妈妈，和我们把自己的不好怪罪于他人，有什么区别，都是对自己的不负责任！

乍一听还挺有道理的，但是转念一想，不对啊。我有说过要妈妈对现在的你负责吗？又一转念，我瞬间就明白了这位朋友的逻辑哪里出了问题。他以为：

- 谁错了，谁就该负责。
- 谁做的，谁就该负责。

用这个逻辑来说，妈妈应该为我们现在的很多不好负责。妈妈当年虽然给了我们很多爱，也给了我们很多控制、威胁、抛弃、批评。妈妈做了很多对我们来说感受不好的事，虽然她自己都不知道。因为对成人来说的一件件小事对婴儿都是生死攸关的体验。但妈妈毕竟是人，何况她有着自己的人格缺失，她已经在能力范围内做到最好了。

如果说妈妈错了，也可以。她对我们的人格形成造成了很多不可磨灭的伤害。她也没错，这只是没有对错的人性：每个人都有自己的缺失，没有完整的人。

妈妈没有错，所以不需要对你负责。

即使妈妈错了，也没办法对你负责了。

并不是做了的、错了的，就要为结果负责。

可是你这样了，怎么办呢？

这种“死逻辑”有很多。

比如有人抢了你的钱，或盗了你的银行卡密码刷走了一大笔钱，你报警抓住了他，可是他赌博把钱花完了，他没有钱可以赔偿你，他只能坐牢。你是无辜的，你没错，可你就是受害了。那你怎么办呢？你除了自认倒霉，再辛苦去赚钱外没有其他办法。你再怪他、再恨他，你的钱暂时一分也追不回来。

比如你老板无故骂了你，你莫名其妙就背了个黑锅，委屈得要命。

很多时候，你说理无效，甚至说都不能说，只能吃哑巴亏。生活中太多这样的事情了：

- 做错了的人不想或不能承担，结果发生在你身上。
- 你没有做错甚至没有做什么，结果还得你来承担。

所以我们推导出这个逻辑：有些事不是你的错，也不是你做的，结果却得你承担。

何况，太多事本身是没有对错的。

比如你的出生决定了你从经济能力、家庭教养等方面会比一些人低，你需要奋斗 18 年才能和某些人坐在一起喝咖啡。你从读小学到读博，到进入社会摸爬滚打，吃了很多苦。你总想着为什么自己不姓王名思聪或有个叫马云的爹，反而要倒过来辛苦赚钱补贴爹妈及亲戚。

怪谁呢？

出身差虽然无所谓对错，但还得你承担。

比如你身高150厘米体重150斤，好不容易长了个瓜子脸还是倒着的。

长得丑虽然不是你的错，但还得你承担。

判定是否需要你承担责任，有时候并不是以对错来衡量的，而是发生在你身上，你不得不承担。

借此，我们可以理解生活中的种种。

假如你觉得生活欺骗了你，假如你对自己不满意，假如你对关系不满意，你有两条路可以走。

第一，推开责任，让别人来承担，但是你得承担推开责任的代价。

即当你推开的时候，有人能接住并替你负责，那最好了。但没人接住你就惨了，没人对你负责，你自己也不对自己负责，就会活得更狼狈了。

比如你被欺骗了，被恋人或老板骂了，你很无辜地觉得不是自己的错。然后你想推回去，但是对方根本就不接招。沉甸甸的责任还在你身上，然后你呐喊着：我不想要，我不想要，你甩一次就弹回来打你一次。

恭喜你从此多了一个绰号："祥林嫂"。

第二，去做很多努力来改变现状，为自己负责，但是也要承担付出的代价和责任。

你如果觉得某人对不起你，想让他来为你负责、补偿你，你可以评估自己和他较量的能力，如果你觉得胜算比较大并且值得，就付出心力、精力、时间、脑力等来讨回一个公道，要对方为你做点什么。

如果你的评估觉得不值得，那就放弃让他来为你负责的努力。

这两种都是为自己负责。

我并不是鼓励你忍气吞声或激进讨伐，只是鼓励你对自己好点，用理性而不是任性——一个成年人的基本责任态度就是理性上知道怎样是对自己最好的。

我们以为定义了对错，就可以明晰责任，可是真正决定我们疼不疼的并不是对错，而是是否发生在自己身上。

所以，当你遇到这些事情，你可以做些什么让自己好受些，而不是忙着定义对错。

为自己负责，就是爱自己。

迷茫，是对自己不够勇敢的一种回避

人的一生该怎么度过？

这个哲学问题，每个人都思考过很多次。

是在小城市安居乐业，还是在大城市闯荡？是留在安逸的单位里，还是选择换个有挑战的工作？是继续从事自己的行业，还是换一个行业？是维系原有的关系，还是推翻一切从头再来？

每当夜深的时候，这些想法都会敲打你的内心：我该怎么办？

然而思考这个问题终究是痛苦的，因为没有答案，也不敢做出选择。所以大多数人渐渐习惯了得过且过，不再去思考这个问题，或者通过一系列的忙碌来逃避思考。

你问他们想改变吗？他们说想。那为什么没有去做？理由大概有：

• 责任。我不是我一个人的。我还有父母等人要照顾，他们对我有期待、有要求。还有各种亲戚朋友的好言相劝。

• 不敢。改变是存在风险的。风险就是万一我失去了现在的，却没有得到自己想得到的，岂不两空？嗯，万一。何况，年纪也不小了。

• 迷茫。不知道该干什么、能干什么、会怎样。

一开始我挺欣赏他们的责任心，对父母有这样的孝心和照顾，愿意为了父母的开心而如此委曲求全，待在自己不喜欢但父母喜欢的环境里。但是后来我通过一个小测试，发现很多人是以此为借口罢了。这个借口的好处就是，可以让自己心安理得地不改变——我是为了爱和责任，而不是为了我自己。

我问他们：假如你现在知道自己喜欢的是什么，适合的是什么，你找到了人生的一个新出口，你愿意走出现在的环境吗？

他们说：愿意啊。

我问一个对婚姻不满意的人为什么不敢离婚，她说因为要考虑到父母的面子，父母觉得离婚可耻，为了照顾父母的想法而不能离婚。但是假如你给她一个理想伴侣，她敢迅速脱离现在的婚姻，忘记父母在意离婚这件事。

我问几个想辞职去另外一个城市或国家发展却舍不得父母的人，如果你想要的机会来了，你舍得父母吗？他们说，父母会理解吧。

于是我感觉：所谓的责任，大都是对自己不敢做选择的一种回避。迷茫也是对自己不够勇敢的一种回避，因为如果先知道了出路在哪儿，就不需要勇敢了。

改变，有两个步骤：

- 走出来，去寻找。
- 找到路，走进去。

第一个步骤的代价是巨大的。它意味着你要推翻自己这些年所有的努力和付出，要承担亲人及周边的舆论压力。这是失去的过程。对于失去，我们向来不怎么敢，即使不喜欢的东西，我们也总会觉得那也比没有强。

第二个步骤的代价更大。它充满了未知、不确定、不可控。前途未卜，四处抓瞎，是个未得到的过程。

改变，就是一个失去是确定、得到却是不确定的过程。这听起来并不怎么划算。所以很多想改变的人，都会给自己找到安慰方案：如果能先把出路确定了，我就可以走出去了。比如先谈一个好对象，我再走出现在的关系。比如先想好我喜欢干什么，我再换行业。比如先找好工作，我再辞职。比如先练出技能，我再创业。比如先兼职，先迂回，先曲折，先攒钱……

之所以说这是安慰方案，是因为它满足了人的安全感需求，但完全是机会主义。从概率上来说，是有可能的。从操作上来说，难度是非常大的。因为你现有的资源、环境、状态、视野，都不足以支撑你有新的发展。

找到一条新的出路，单纯地通过思考、读书、上网等手段，可以增加一点点知识技能和视野，但不太会产生能推动自己改变的动力，也不太会有质的发展。真正核心的部分，是在新的环境里浸泡出来的。

记得大学毕业的时候，我很想学心理学。我在烟台挣扎，我去机构实习，我读很多书，我认识了当地心理圈里的很多人。一段时间后，我总觉得哪里不对，就去了北京。

在北京的这些年，我感受到了对一个人改变最大的两个因素：环境、思路。

浸泡在大环境里，你会呼吸到不同的空气，你会吸收到很多信息，你的想法会受到各种冲击。你会挫败、更加迷茫、痛苦、自我怀疑，你会发现世界之大无我立足之处。你也会吸收、思考、整合、发现、探究。

这就是环境对一个人的意义，它会打破你旧有的认知、习惯，迫使你重新思考整合。这时候如果你沉浸在自怨自艾里，那将会退步。如果你愿意踏实思考，将会找到一条属于自己的独一无二的路。

大环境，以及你对自己的思路会相互促进、相互整合。环境打破你的旧有，给你混乱，给你大量的有用没用的冲击。然后你的内在系统进行整合梳理，就形成了新的思路。

所谓的迷茫，其实就是沉浸在自己的小恐惧里，不敢走入大环境。幻想着先有了方向，才敢走出来。

实际上顺序反了。新方向的形成，绝不是思考出来的。你走出旧环境，走入新环境，新环境才能给你熏陶和浸泡，让你重新整合，继而形成新思路。这无法通过单纯的思考来完成。

你会经历混乱、痛苦、更加迷茫、自责、恐惧。其中，**混乱是改变的必经之路。混乱是改变的一部分。**

因此改变的路线是：走出旧的—恐惧—不断接受新刺激—混乱—整合—形成新的现状。

没有勇气改变的人会这样：恐惧—先找到新的现状—再走出旧的。

不愿意走入混乱，也就没有办法整合成为新的现状。

生命虽然只有一次，但人生可以不止一次。

如果你对现状不满意很久了，如果你想走出来却找不到方向，你可以先让自己走入混乱，接受更多新信息、新刺激的冲击，认识不同的人，给你打开不同人生的可能性。

你可能打开了人生的一个新局面。当然，你也可能输得很惨，真的一无所有。

不过，你那么不相信自己吗？**如果你没有勇气，起码可以热爱你的现在，把心放在现在，而不是一直心系着远方，却在这里慌张。**

选择只属于你自己。

我这人说话就是比较直

说了伤害别人的话以后，总有人喜欢补刀一句“我这人说话就是比较直，你不要介意”。也有人喜欢把自己搞不好人际关系归因为“我说话比较直”。这真是一句非常有“魅力”的话。

魅力之一，明贬暗褒，成功保住了自尊。“说话比较直”表面上在说，我这个缺点请你原谅。实际上在说，我这是个优点，是在跟你讲真心话，我是为你好，现在很少有人跟你这样推心置腹了，你还不感激我，所以你不该介意啊，更不该带着满脸的委屈。

魅力之二，将自己立于不败之地。既然我是为你好，而且这也不是个大毛病，如果你表现出介意了，就是小气、计较，听不得别人说真话。如果你表现出不介意，就会被堵得生闷气。所以你介意不行，不介意又难受，就只能躲着了。

我有时候觉得，用“我说话比较直”来归因自己对别人的伤害，分明就是情商低、片面、攻击、自私的表现。

先说情商低。

我们平常所谓的说话比较直，就是直接指出了别人的缺点、不足、不对的地方，没有考虑别人的感受，没有照顾情境，没有顾及别人的承受能力。

两个人的沟通是由三部分组成的：我，你，情境。

一个好的沟通是这样的：你说话的时候不委屈自己，不强迫自己，照顾到自己的感受，让自己觉得舒服；也照顾到对方，看到对方的感受、承受力等，让对方觉得舒服；也照顾到情境，选择在合适的时候使用合适的方法，交流合适的问题，能把问题说明白。

你能把沟通表达到什么程度，把两个人的情绪照顾到什么程度，就是你情商高低的程度。我们说话的时候，虽然很难三部分都面面俱到，做得很好，但对自己或他人或情境的照顾为零，就是典型情商为零的表现。虽然这么说夸张了点，但说情商低是不足为过的。

在关系里一味说讨好别人的话，处处委屈自己，不照顾自己，关系是建立不起来的。因为在这样的关系里，你会感觉到压抑、压力、不自在，你就不想跟他人多接触了。

在关系里一味自顾自说话，眼里没有别人，不照顾别人的感受，关系也是建立不起来的。因为在这样的关系里，别人会觉得不舒服，想躲你躲得远远的。

一个人因为自己的原因而无法与他人建立持续性关系，情商就显得有些低了。说话直，就是不具备设身处地理解别人的能力，不具备照顾别人感受的能力。

再说片面。

如果看到了就直接说出来叫说话直，我觉得说话直的确是个优点，直点好。因为说话直接是一种真实，真实其实是最容易建立关系的。

如果你看到了一个人的优秀，毫不隐瞒地告诉他，他多么棒，他会很开心。如果你看到了一个人做得好的地方，直爽地表扬了他，他会很喜欢你。

如果你看到了一个人的缺点，也看到了他令人骄傲的部分，看到了他的光芒，你就看到了他的独一无二。你直接表达出来，对他来说就是一种非常大的看见。没有一种方式比直接向对方表达他的独特，更让他觉得真诚和幸福。

这也会让人觉得你很爽快，眼光不错。

而那些说话直的人之所以会伤人，是因为他们选择性关注并且选择性表达了。他们只看到了对方不好的、不对的、有缺点的部分，并且直接说了出来，没有隐瞒，没有拐弯。他们只直接表达了对方不好的部分，对好的部分却闭口不提，只喜欢直接挑刺讽刺，不喜欢直接表扬肯定。

这是真正的说话直吗？这最多叫说话片面。我说话再“直”一点就是：爱挑事。

不好直接说，好却不说，只直接指出缺点不指出优点，这不就是故意让人不开心吗？不就是挑事吗？

直接表达对方好的部分，会让对方觉得舒服。直接表达对方不好的部分，会让对方觉得不舒服。

直接表达对方不好的这类人，其实他们是知道考虑对方感受的，不过他们考虑的方向不是让对方舒服，而是让对方不舒服。

我们每个人其实都知道，说好听的对方会是什么感受，说不好听的对方又会是什么感受，这是人之常情。说话直的人，其实内心深处知道这些话说出来是会伤害对方的，但是他们还是要说。所以他们似乎是故意要伤害对方的。

如果对方觉得听不得了，他们还觉得自己很委屈，内心想的是：我不就是说出事实吗？我不就是说出了真话吗？你至于这么脆弱听不得吗？

先不说这是否为“事实”，那些号称说话直的人从来不去想自己说出来的到底是事实还是自己的一厢情愿。

让人觉得舒服的话打死不说，让人不舒服的话却要高声表达。说出来了还看不得别人受伤，不想让别人表现出来。

他们潜意识里的期待是：你要默默承受我的伤害，而且要笑着接受，并且赞扬我说得多么对，对你多么好。

这是怎样一种残忍的攻击呢？

这种攻击里是有快感的。也就是，说话直的人在直接说对方的不好时，其内心其实是暗爽的、高高在上的。他们的这种攻击，可能有一小部分是为了对方好，但更多的是满足自己发泄的快感。通过对别人的攻击，来实现满足自己的自恋、权威的感觉。

攻击会让人有一种“我有资格评判你”的快感，这种快感就叫自尊。

因此，说话直的人经常忍不住地要说，明知别人不想听他们也想说。他们在现实生活中通常也是低不下头的，总喜欢把自己摆得高高在上，他们需要用这种方式才能感觉到自尊。

于是，他们还有另一个特点：听不得别人说自己不好。别人说他们不好，会摧毁他们的自尊，把他们从高高在上的位置拉下来，比别人还低。

我们会发现：**说话越直的人，越是听不得别人说话直。**

大多数说话直的人的出发点：凡事都以我的利益为标准。在指出别人缺点这件事情上，我要说话直，这让我感觉很爽；在别人指出我的缺点这件事情上，我希望别人能用我能接受的方式来跟我表达。

这是一种自私。

怎样才能说话不直呢？

低头、谦卑，以照顾到别人为荣，以伤害到别人为耻。

还有就是，别用“我说话比较直”往自己脸上贴金了，你才没那么好呢，这是自我美化以获得高自尊的心理游戏。

最后，我这个人说话也比较直，希望你不要介意。

关系中的控制欲与妥协

控制欲的表现通常是这样的：我希望你按照我认为对的意思去做，说我想让你说的话，做我想让你做的事。

我们都喜欢控制别人。

虽然你不太喜欢“控制欲”这个词，毋庸置疑的是，没有什么比另一个人愿意听你的话、无条件满足你让你觉得满足的了。好为人师，指指点点，告诉别人事情应该怎么做，让别人按你的方式做，都可以极大地满足你的存在感、重要感、价值感，让你仿佛回到了婴儿贪婪般的自恋里。

让对方听自己的，让自己被支持——是每个处在关系里的人的终极愿望。

我们也都喜欢被控制。

被控制也许是件很好的事情，这意味着有人告诉你该怎么做，指点你、帮助你，这是你黑暗中的一盏明灯。这时候你感受的是被帮助、被关注、被支持、被关怀，而不是被控制。这让你觉得自己对他来说很重要。

我们既喜欢控制人，又喜欢被控制。这两者的区别在于：当一个人没有主见的时候，很喜欢别人告诉自己该怎么做。当他很有主见的时候，就不喜欢别人告诉他应该怎么做了。你不喜欢别人告诉你该怎么做，那是因为你自己知道该怎么做。

控制别人，是因为你太有主见。不过，你的控制不一定能让对方体验到。如果对方没有主见，就会体验为你很有智慧、你在帮助他。

有些人不愿意承认自己的控制欲，认为只是在保护自己、坚持自己。可坚持自己就是一种控制，因为你会让别人不得不妥协而按你的方式来。

两个人要相处下去，两种生活方式必然不能共存。很多事情都只能有一种做法，比如床买哪样的、孩子去哪儿上学、今晚去哪儿吃、给亲戚多少红包等，如果你有自己的想法，而对方还要跟你在一起，就只能妥协、听你的。这时候你就是控制的一方。

两个都有主见的人在一起，两种主见是不能和平共处的，必须有一个人要被控制、要妥协。

每个人都有控制欲，因为没有人在所有方面都没有主见。如果你感觉到被控制，通常是因为你也想控制。因为你也有主见，你想告诉他什么是对的。只不过他的控制让你的控制发挥不了作用，这时候你感觉到了被控制。

被控制的感觉，其实就是自己控制失败。因此你感觉到被控制的时候，可以大胆承认：此刻，我也想控制你。

应对被控制的方法：

第一，想换一个人。

你总认为吵架是因为价值观不同，如果换一个价值观相同的人相处，就不会吵了。可是，这个世界上并不存在价值观完全一致的两个人。如果你觉得主要价值观一致就行，那么在不主要的事件上你们意见不一致时，也会面对控制和妥协的问题。

可见，重点不在于价值观是否相同，而在于你应对差异的模式是什么。

第二，想通过吵架、讲理等方式控制成功，让对方同意你的意见。

但是，把一个人变成事事都听你的话的人，却是危险的。

现实中，很多看起来大男子主义的男人对女人的期待是可以听自己的话，支持自己的决定，哪怕是错的。很多看起来很强势的女人，总是会觉得自己的男人太笨太差而指指点点，有各种不满。

其实，很多人都可以实现自己的这个梦想，他们完全可以找到一个很听话的男人或女人，可以让着他、哄着他、支持他的决定。他们的控制欲被满足的确很爽。但是一直被满足，代价也是很大的。

对方一旦愿意听你的话，满足你的控制欲，就会变成你的附属品，成为一个没有主见的人。对于一个没有主见的人，你支配起来是很爽，但是，你会一直喜欢这种感觉吗？

你提要求，他执行。你操控，他听话。这是命令与服从的关系，是不平等的关系。对于已经征服了的关系，你会一直有兴趣吗？

你不会。一旦你不允许对方有独立自我，就意味着你们在使用同一个大脑思考和做决定。在潜意识层面，你将感觉不到对方的存在，你会体验到一种很深的孤独。明明旁边有一个人，你却觉得孤独、无聊、劳累、压抑。

不平等一旦持续，关系就开始走向死亡。

所以控制欲强的人，找到愿意听话的人，其实最后很难走到一起。

能跟你走下去的，一定是在控制上跟你势均力敌的人。这就面临着一个重要的课题：失控。

控制的本质是，我们希望从对方那里感受到自己是绝对重要的，让对方成为自己附属的一部分，围绕着自己生活。这是一种融合性需求。

失控的本质是，对方拒绝成为我们附属的一部分，有了自己的独立自我，拒绝向我们融合，甚至企图把我们变为他的一部分。

当对方有了主见，没有按照你的意见去做，你往往会失控。这意味着他要做的事、他的思想都比你更重要。这时候你会感觉到，你不再是他世界里最重要的一部分。你抓不住他了，你被抛弃了。你想继续抓住他，就会抓狂，更加想要控制。

失控是难受的，因为失控是一种被抛弃。因此控制欲强的人，其实是安全感特别低的人。他们太害怕被抛弃，所以要紧紧抓住你，不允许你有独立自我。

婴儿本来是可以控制妈妈的，当他有需求召唤妈妈，妈妈就会出现。然而妈妈做不到总是无条件及时满足婴儿，所以婴儿体验到了失控和不重要。

妈妈离开婴儿的时候，婴儿会用哭泣、抱大腿等动作企图控制妈妈，希望妈妈留下来照顾自己，把自己放在最重要的位置上，比工作、家务、他人等都重要。

婴儿控制失败的时候，会加大控制力度，更大声、更持久地哭，直到被满足，因而会习得强烈控制是可以满足自己的。如果还是失败，婴儿就会绝望，不再试图控制，放弃跟人建立连接。

失控后还相信爱，是婴儿必须要面对的一门功课。婴儿期没有学会，长大了也要重新学习如何应对失控。

应对失控，逃避是没用的，指责和紧抓更是没用的，就算你每次都控制成功，最后还是会觉得烦而想换人，除非你不再跟人深入相处。如果你还想跟人建立亲密关系，就只剩下一条路：妥协。

妥协是痛苦的，尤其是主动选择妥协。妥协意味着：

• 我允许你有独立自我，你可以去照顾此刻你最重要的部分。我对你来说，此刻并不是最重要的，我只能接受。

• 你不是我可以使用的一部分，你有独立的与我无关的功能。我们是有界限的，是彼此独立的两个人，你要去做自己的事，此刻你跟我没有关系。这对我来说就是抛弃，我只能接受。

• 我不是你的中心，甚至要以你为中心，委屈自己去做你认为对的事情，让你感觉到重要和满意。

妥协是痛苦的，也是残忍的。

妥协，就是承认自己的平凡。我可以是你人生中最重要的人，但无法所有时间我都是最重要的。我可以是你生命中不可或缺的一部分，但我无法是你的全部。除此之外，你有你的独立，那部分不属于我。甚至，有时候我还要以你为中心，满足你的重要感。

妥协，就是承认有时候你不属于我，你属于你自己。

妥协，就是接受自己并不是妈妈最重要的部分，她还有工作等其他事，甚至要配合妈妈完成她想做的事。

妥协，就是承认我只是你的一部分，不是全部。承认你只能满足我的部分要求，不是全部。但我相信你依然爱我。

健康的关系，就是相互控制，时而我妥协，时而你妥协，时而分离。也就是：时而你是中心，我围着你转，委屈自己；时而我是中心，你围着我转，委屈你；时而我们都不是彼此的中心，我们分开做各自的事情。

为自己有能力妥协而庆祝。

妥协，让我们从一个大脑变成了两个大脑。妥协，让我们感受到了自己与对方的平等。这种平等，虽然让我们感觉到自己不够重要，却会让我们感觉到，另一个人的存在。

妥协，让另一个人作为主体的独立的人出现了。

控制，只会让另一个人变成工具，变成附属品。

偶尔的控制成功是幸福，经常的控制成功就会很孤独。

此刻满足你的控制欲，此刻是最好的。每次都满足你的控制欲，关系就死亡了。

这就像是吃糖。糖好吃，此刻吃一块是甜美的。但每次想吃都吃得到，身体就胖了，其实是一种更大的伤害。

糖可以偶尔吃一点，控制可以偶尔成功一次。

如果总要去节食，为什么不是这一次呢？

如果总要有妥协，为什么不是这一次呢？

感谢别人有独立自我，才跟你不一样，才有了生活的种种乐趣。允许别人跟你不一样，其实就是你愿意妥协。

想控制别人的人，是因为自己太有主见了。而太有主见，何尝不是对自己要求太多，条条框框设限很多。这就是对自己的控制。

控制别人，是因为对自己的控制太多，顺便想控制别人。

第二章

为何『知道却做不到』

有时候熬夜，只是因为想跟自己待会儿

不想睡

有时候白天已经累成狗，晚上依然不想睡觉。要么躺不下去，要么躺下去闭不上眼。我们就是要在电脑旁或手机里，不是要工作，不是要学习，不是要做什么艰巨的任务，只是想看看网页、斗斗地主、打打游戏、看看朋友圈，甚至不知道自己在看什么。

但就是不想睡觉。

夜里那荧屏上的光，有一种魔力一样的快感，吸引着你我都放不下，跟自己孤独而忙碌的灵魂，形成了一种别样的映衬。

有时候白天越是忙碌劳累，晚上越是不能及时入睡。必须要看一段时间的手机来完成发呆的过程。熬夜的过程，就是跟自己相处的过程。人一整天都活在外面，责任、他人、社会，无尽地违背自己的内心而忙碌着，没有时间跟自己待着，潜意识会不认识自己了。如果忙了一天再及时睡去，舒服的只有身体，煎熬的却是灵魂——它将没有任何时间得到呼吸。

夜深人静的时候，我们褪去了所有角色，只剩下自己，也是离自己最近的时候。但是我们又不敢直接正视自己的内心，所以就会通过看手机、斗地主、看网页这样的方式，来间接地完成发呆。

有一个对比。如果你出去旅游，游玩了一天，同样是很累，晚上躺下就能轻松睡着，不怎么熬夜，不怎么玩手机。这是因为白天你的自我已经得到了完全的释放，不需要晚上来补偿了。但是如果你白天玩是因为照顾家人、朋友，而不怎么顾及自己，晚上依然会想熬会儿夜，发个呆。

所以熬夜，不在于身体是否劳累，而在于心灵需要发个呆，跟自己待着。

清晨抑郁

清晨抑郁又称阳光抑郁症，也就是早上醒来的时候会体验到一些难过、悲伤、窒息，会有恍如隔世不认识自己的感觉。当开始正常的工作生活后，会恢复正常。

实际上，心理学家在研究抑郁症的时候发现，抑郁症是有规律的：清晨是发作最重的时候，晚上是发作最轻的时候。普通人的抑郁情绪也是如此，早上比晚上相对容易感受到难过。

抑郁就是神经系统已经告急，不能承受更多压力，而选择在生理上强迫我们关注自己的感受，留点时间给自己。清晨，当我们的潜意识感受到要开始把自己交出去一天后，就会先抑郁，准备一会儿。那感觉就像是要赴刑场砍头，得先喝两碗烈酒放松一下。通过抑郁，我们完成了跟自己待着。

所以忙碌的人、外向的人、责任心强的人、爱付出的人，必须要间歇性地经历抑郁，才能强迫他们跟自己待会儿。

抑郁在说：此刻，你不属于全世界，你只属于你自己。

静静地发个呆

有时候下班开车回到地下车库，熄了火，然后趴在方向盘上安安静静地待一会儿。从熄火到打开车门的那段时间，就是跟自己待着的时间。那时候既不属于公司，也不属于家庭。那一刻，你只属于你自己。

一个人坐公交车的时候，会望着窗外，静静发个呆；一个人坐在湖边的时候，会静静地发个呆。发呆的时候，就是跟自己待着的时候。那一刻，什么都不想想，什么都不想管，全世界都跟你没有关系，你只跟自己有关系。

有时候人累了回到家里，也想发个呆，玩一下手机，来缓解自己的劳累，跟自己待着。不幸的是，很多家庭都不允许人有自己独处的时间和空间，会有各种要求、安排、责任、指责、抱怨，以至于总有一个人会说出“我想静静”的需求。这时候人承受的压力已经过大，想通过独处来完成自我恢复。

独处

跟自己待着，全世界都跟自己无关。什么都不想管，什么都不想想。或者做点机械的事情，或者让思绪散漫地飘一会儿。通过这个过程，人可以完成精力的恢复。就像是打游戏的时候，你放一个大招，然后需要一段冷却时间。

可是很多人不愿意给自己时间跟自己待着，也不愿意给爱的人时间让他自己待着。他们拼命地把自己从自己的世界里带到外面，这时候他们会越来越不认识自己，时间长了就会失去独处的能力。

虽然失去了独处的能力，但人依然会有独处的需求。所以每当独处的时候，就会以更强烈的情感需求来补偿，也就是空虚寂寞冷。

如果你觉得孤独让你疼痛难忍，那是因为你平时留给自己的时间太少了，关注自己也太少了。你越是逃避孤独、追求热闹、追求工作、追求理想与上进，留给自己的时间就越少，一旦在独处的环境里你就会越发空虚寂寞、孤独难忍。

做一个不够负责任的人

我们都希望，跟着自己的心，做自己想做的事。但是很多时候，我们又有太多的言不由衷、身不由己，不能活出自己。

如果你觉得熬夜伤身，又无法自控、无法自拔，不需要责怪自己，那不是你的错。你需要做的不是给自己更大的压力，强迫自己睡去，违背自己的心。你需要做的是——做一个不够负责任的人。

你需要更多地倾听自己的声音，为自己而活。即使这会让你显得有些自私。你要知道，对他人最大的爱，就是照顾好自己，让自己有愉悦的心情和健康的身体可持续付出，而不是持续透支自己，让自己闷闷不乐、无精打采、筋疲力尽、承受力低、脾气暴躁。

人在透支自己的时候，脾气容易暴躁。人在照顾好自己的时候，宽容度会最高。

看看自己

没事的时候，多发个呆。

有时间的时候，多跟自己待会儿。

不要急着去忙，不要想那么多。

此刻，

全世界都跟你无关，只有你自己。

放松，

深呼吸，

安静下来，

允许自己有些恐慌，

允许自己有些难过，

让它流露出来，

那是你长期忽视自己、压抑自己的委屈。

你太久没有看看自己了。

“知道却做不到”的好处是“不用成功了”

经常收到这样的留言：知道，却做不到啊，怎么办？

每当这时候，我总是很想问一句：知道这么多道理，却做不到，很光荣吗？

如果细细品味，你会发现，在你说“道理我都懂，可就是做不到”这句话的时候，会感受到内心深处有很大的快感。这种快感就像在说：

- 我很想做呀，我也很努力地在做了。
- 我真的很想做到，可就是做不到。
- 你如果告诉我怎么能做到，我马上就去做。

“知道却做不到”这种想法会让你有很多获益，所以你才会那么无辜又心安理得地说出来。

“知道却做不到”的第一个好处：我不用负责任了。

小时候，每当遇到不会的数学题时，你的第一反应通常都是：“太难了，我不会做！”而学霸的反应则是：“我该找谁帮我解答呢？”这两种想法的差异，基本决定了你们的不同。我们来体会一下这两者的不同：

- “太难了，我不会做”——意思是我可以不做了。
- “我该找谁帮我解答”——意思是我还是得去做。

第一种想法，给人一种解脱感：“我不去做，这怪不得我，是敌军太强，而不是我军无能啊。”这种想法把责任归因于任务难度大，说白了就是推卸责任。

第二种想法，给人一种迎难而上的悲壮感：“无论如何，想尽一切办法、克服一切困难也得去做。”这种想法把责任扛在自己身上。

有的人喜欢为了当下即刻的舒适，牺牲未来的成功；有的人喜欢为了未来的成功，牺牲当下的舒适。每个人的追求不一样，你喜欢就好。

推脱责任，让人获得轻松感；而承担责任，则让人获得成功感。人的本能是自动选择对自己最有利的，这是一种自我保护。

因此当你说“知道却做不到”的时候，你获得了一种快感：“终于不用去做了。而且这也不是我的错，不是我不想去做，是任务太难了，我做不到。”

“知道却做不到”的第二个好处：我已经很努力了。

“如果我有能力做到，我就去做了。”“如果我有具体的可实行的方法，我就去做了。”我们来感受一下下面两种想法的差异：

- “我做不到，怎么办”——这种想法让人产生一种“我很努力”的光荣感，我真的很想做到，但我尽力了也还是不行。更通俗地讲就是，我做不到是我能力不够，但我的态度起码是端正的。

• “我不想做，怎么办”——这种想法则让人产生一种“自私、不上进”的羞耻感，容易让人觉得态度有问题。

如果一个人内心有着“对的，我就要去做”“我一定要变得更好”诸如此类的规条，他往往会活得很矛盾。因为一方面，他在理性上强迫自己必须去做某些事情；另一方面，他在感性上又不想去做。

这时候，他就必须要学会推脱责任，来让自己的内心好受点。

精神分析里有一个经典的故事。

某人穷困，觉得应该去弄点钱来补贴家用，最简单的方式就是抢银行，然而良知告诉他这是不对的。他矛盾的心理让他在生活中无意识地把腿弄残了。腿残之殇很痛，不过他心里舒服啊：不是我不去抢啊，是我的腿不支持；如果我的腿支持，我一定会去抢的。

就像故事里的人一样，现实生活中，当我们陷入矛盾，有一种方法既能表明我想去做的态度让自己的理性好过，又能不去做让自己的感性好过，那就是：我不是不想去做，而是我真的做不到。

“知道却做不到”的第三个好处：我不用付出代价了。

没有能力可以培养能力，没有资源可以累积或置换资源。除了违反物理定律的事情，世界上没有做不到的事，只有不值得去做的事。

而得到，是需要付出代价的。

电视剧《欢乐颂》里的曲筱绡比出租屋的三个姑娘赚得多，并非仅仅因为她是“富二代”，更是因为她所付出的强有力的人格能量，敢大量麻烦“白富美”安迪做 GI 空调项目，还敢背着安迪借谭总之名搞项目。为了谈项目，她付出了大量的冒险、魄力、策略及智谋。

付出，不是蛮拼，因为它不仅是体力的付出，更是人格层面上的付出，需要大量的精力、智力、自尊、勇气等。

比如说减肥和学外语这两件事，无比简单，道理你也都知道，分别是：“管住嘴，迈开腿”“多读、多说、多听、多练”。可你为什么做不到？

一个考过 GRE 的姑娘曾经跟我说起她惨痛的经历：每天把自己按在自习室 14 小时以上。我顿时明白了，这不仅需要付出体力和毅力，还需要付出好心态。

如果你觉得自己对于某些道理“知道却做不到”，就问问自己：

- 我真的想做到吗？
- 我为什么想做到？
- 为了做到，我愿意付出多少？
- 这值得吗？

很多时候你发现，成功是你想要的，不吃苦也是你想要的。

也许你想要的只是依赖，只是：我不想付出，但我还想做到，那看起来很酷。所以当你觉得“知道却做不到”，不如直接说：这不值得我付出那么多。

“知道却做不到”的第四个好处：我不用成功了。

假如你成了果断、强大的人，成了不断学习就能进步的人，你会有什么感觉？会适应吗？

对很多人来说，逆袭成为“高富帅”，走上人生巅峰，迎娶“白富美”，觉得想想就够了，那是离自己很遥远的事。

如果你在遇挫的时候习惯了说“我尝试一下”，你会感觉自己充满了力量，是个强大的人。

如果你在遇挫的时候习惯了说“太难了，我不行”，你会感觉自己是个平民阶层的 loser（失败者）。

人生赢家是一种思维习惯，而不是能力和资源。

你的潜意识里怎么评价自己，你就会有相应的思考习惯，继而就会产生与之对应的结局。

“我知道了，我想去尝试一下。遇到了困难，我该找谁、用什么方法去解决？”这是一种主动解决问题的积极态度。

“我知道啊，可是那很难，我做不到，我能有什么办法？要是有什么灵丹妙药，或者专家指导我一下就好了。”这是一种抱怨、逃避、幻想问题自己消失的消极态度。

两种不同的想法，会把人生推向不同的结局。

你认为自己在哪儿，你就会在哪儿。

“知道，却做不到啊。”

“请问该怎样才能做到？”

两种想法，各有利弊。其中感受，自行品味。

明明不够成功，为什么还爱拖延、不努力、没有意志力

我常羡慕别人的成功和优秀。

从我刚上学的时候就这样，别人能拿奖学金能考高分，留给我的却只有羡慕的份儿。长辈们经常说：同样是人，你又不缺胳膊不缺腿，为什么你不能？

我接受了这种励志教育，也想好好学习，想每天泡在自习室，想发愤图强。但是我一到自习室就抛弃书而恋上了手机，无数次大声呐喊要求它放开我，无数次告诉它我是个有志向要好好读书的年轻人，都以战败告终。于是我总结出，我学习不好是因为：我拖延、懒惰、浮躁、注意力不集中、不够努力刻苦。

工作后我依然如此，这些毛病从来没能改掉，虽然我下定了 10000 遍决心，想通过刻苦和努力改变命运，但懒惰和拖延总在 10001 次呼唤着我。所以我依然过着吃套煎饼看场电影的生活，并且每天思考这样的生活有什么意义。

我羡慕别人的成功和优秀。不过我不会盲目嫉妒，我知道一分耕耘一分收获，我知道别人的成功不是因为他爹或他的时代，而是因为他勤奋、努力、能吃苦，有毅力、有思想、有干劲。所以我的羡慕方向通常就会从别人的优秀转向别人为什么能为了目标那么努力，别人

为什么能静下心来专心做一件事情。

我会自责，责怪自己为什么不够努力。

我研究了那些很努力的人，为什么他们能够做到那么努力。

一个考完 GRE 的女孩说每天把自己按在自习室 14 个小时以上真的很痛苦，我顿时充满了想把膝盖献给她的冲动。我很敬佩这样的人，怎么可以明明感到痛苦无比，还能坚持去做。

我就不能，我遇到痛苦的第一反应永远是："算了吧。再坚持一会儿？想放弃的时候才是最该坚持的啊。算了吧，下次再坚持吧。"

所以我对自己的自责还有：矫情、半途而废、没有毅力、不能坚持、一事无成、不具备成功的特质。

我发现能坚持的人还有很多：坚持每日工作每日毕；坚持早起每天不拖延，日复一日。我问他们，床那么温暖那么能安慰你们，你们舍得每天早上狠心把它抛弃吗？

他们的答案常常是：我也很痛苦啊，但没办法。

能克服懒惰与拖延的人，是因为他们舍得对自己苛刻。**所谓意志力强，就是能对自己下得去手。**

我很想知道，为什么他们能对自己那么严格和苛刻。

我发现他们真的非常在意这些问题：工作一定要完成、不能被领导批评、不能做不好。学霸们也很在意这些问题：不能考不好、不能不努力。我以前最讨厌学霸说"这次又没考好"，我觉得那是纯嘚瑟，后来发现他们是真的觉得自己考得不好。

他们为什么对自己要求这么高，或者我为什么对自己这么没要求？如果不是因为爱，那一定是因为恐惧。

一个人过于在意某些问题，一定是其中夹杂了很多爱与恐惧。

恐惧的意思是：如果不这么做，我就会别无选择。

严格要求自己、不迟到不拖延、努力工作与学习的人之所以精进，是因为他们强大的信念：我必须且只能做好，别无选择。

一个来访者曾经很坚定地跟我说：他不得不做大量的工作，加班、熬夜、牺牲节假日，因为领导总是安排很多工作给他。一开始我挺羡慕他的豪气的，付起高昂的咨询费来大气不喘一口。后来在咨询中我发现，他坚定地认为“领导是不能拒绝的”，权威就是天，权威不可被反抗，因为“如果拒绝领导，工作就没了”。这个信念给了他很大的动力。

我虽然渴望成功渴望光环，但是更害怕吃苦。

我不能吃苦、不能坚持，很多时候不是矫情，而是没有巨大的恐惧推动着我必须去做。也许很多事情对我来说是营养品，而不是必需品。把事情当成是必需品的人才会有如此强大的动力坚持。

猎狗会跑不过兔子，因为兔子是为一条命奔跑，而猎狗却只是为一顿饭。

活该我竞争不过他们。

我的世界里是：做好了很好，做不好也可以。当下这件事做不好，以后也有可能做好，对未来不会有太大影响。

他们的世界里是：做好了才能活下去，做不好等同于死亡。当下这件事做不好，以后可能就永远不会好了。

恐惧是人们成功和坚持非常大的一种动力。

在战场上，有两种人往往能打胜仗：勇敢向前冲的人，有强烈革命情怀的人。

第一种人的动力是恐惧。恐惧能激发出巨大的创造力。在恐惧被激发的时候，你会高度集中注意力，小心翼翼地做事，认真精密地做事，力求做到完美。

第二种人的动力是爱。当你爱一件事的时候，会自动投入更多精力，废寝忘食，难以自拔。你会自动集中注意力，全神贯注，结果自然会做得很好。

推动人们成功的动力，除了恐惧，还有爱。恐惧和爱的表现形式是一样的：能坚持，能集中注意力，能投入很多精力，能为此放弃很多。但是，恐惧和爱的内在动力不一样。

以恐惧推动自己去做事的人，非常在意结果的得失，只能赢不能输，结果对他们来说就是生死线。他们强大的“我一定要做，且必须只能这么做”的信念，会推动他们想把每个细节都处理好，同时他们也会因此而感受到压力、耗竭、易疲劳。因为潜意识会启动疲劳的方式来要求他们停止自我迫害。这时候恐惧有多大，他们的自我强迫能力就有多强，他们会用更大的恐惧逼自己，因此他们往往能获得更大的成功。但是副作用也非常明显：当消耗达到一定程度的时候，潜意识就会启动另外一种防御机制——抑郁。

能坚持、能努力、能精进的人，抑郁常常伴随发作。你会看到他们努力的光鲜外表，却难以了解他们的内心世界，你看不到他们抑郁的内心和对世界的绝望。

强迫自己努力的人，并不快乐。

以爱推动自己去做事的人，没有坚持和努力的概念，他们只是想做，忍不住去做，对他们来说做了就很爽，成功了很好，不成功也能享受做的过程。他们更在意过程有没有做，而不是结果有没有成。他们对将要做的事充满好奇。即使他们在意结果，也是出于征服欲，即“我一定要做出来”。他们会一遍遍地尝试，直到两种结果产生才会停止：做出来了，得意扬扬；耗竭了，就此作罢。他们在达到自己生理极限的时候能停止，因为他们允许自己失败；他们在恢复过后能继续做，因为还爱。

当然，如果你从某个爱好中获得了额外的赞美和欣赏的快感，就会执着于结果，系统动力会发生改变；你对失败、失去光环的恐惧大于爱的动力时，系统动力也会发生改变。

我觉得，要有意志力地做成一件事，有两种方法。

第一，爱上它，去享受它，别那么在意结果与得失，只是去感受这个过程就很爽，你就能轻松把它做好。正如马云曾经说的：赚钱是一种结果，它从来都不是我们的目的。

第二，放大你对它的恐惧，知道不做的代价有多难承受，你坚持的动力就会大很多了。我去健身房的时候，无比痛苦。教练会让我做各种虐心的动作，每次给我拉筋我都想跳起来抽他，痛到不可忍受，累的时候回回想放弃。我知道自己暂时还不能爱上健身，就用恐惧推动自己坚持：再不锻炼，就真的会死了；身体素质越来越差，就是慢性自杀。后来，我慢慢爱上了健身，也就能主动、快乐地去健身了。

不允许自己放纵，是你的心没有允许过自己

放纵，从来都不是一个好听的词，总是跟堕落和完蛋挂钩。痛苦的却是，放纵经常是一件让人忍不住要做的事，做完之后又后悔，然后就把自己放到自责、焦虑的尴尬境地。

有时候在夜里追剧，打开某电视剧，一集又一集，根本停不下来。一面看着时间很晚了开始焦虑，一面跟自己说就看完这一点点马上去睡，然后又看着自己打破这个规定。你看着它，然而根本控制不住它，直到夜很深很深。一气之下关掉电视剧，骂了自己一通：又没有早睡，明天起不来了，要影响工作了，影响身体了，影响……然后在糟糕的心情中睡去。

有时候发誓要减肥，然后看着自己把美食一片片放进嘴里，边吃，边骂；边骂，边吃。

有时候不想工作，会去旅游、聚会、游戏，玩到天昏地暗不知时日，然后责怪自己堕落，浪费时间，耽误了学习与工作。

有时候就是看着时间流逝，静静地待着。看着自己裹足不前，做点有的没的。看着自己什么都不做，骂着自己不该拖延、懒惰。

有时候很想安心地玩耍不工作，或下班后安心地玩耍不学习，看着自己沉沦于市井小巷。可是每当这时候就会责怪自己不思进取，惊

慌着是不是一辈子完蛋了？

你从来不允许自己放纵，却从未成功制止过自己放纵。

人生的一大痛苦就是如此，明知不该做，却控制不住地要去做；明知该做的，却拖延着就是开始不了。

某些自制力超强的人能打破这个循环，他们的自制力让我害怕。

自制力是放纵的反面，作为褒义词一直在我们的意识里。仿佛自制力是好的，放纵是坏的。自律的人生会走向辉煌的巅峰，放纵的人生只会走向堕落的深渊。

一个成熟的人，应该是以多元的角度看待这个世界上各种存在的，而不是用二元对立法去看待世界。

放纵既是好的，又是坏的。自制既是好的，又是坏的。甚至，没有好坏，既好又坏。

放纵是一种畅快淋漓、淋漓尽致，换个词来表达，不知道你的感受是否会有不同。

比起自制力下的小酌一杯，敞开来酩酊大醉也是一种美。睡前追个小视频是种开心，一口气看完十几集电视剧更是种过瘾。自制下的节食是一种美，放纵下的大口吃喝也是一种畅快。自制下的公园半日小游是一种惬意，放纵下的 gap（豁开）了一年不赚钱不学习也是一种痛快。自制下尽快完成作业是一种优秀，放纵下看着作业不做安心地玩耍一会儿也是一种愉快。

放纵，是有快感的，是一种非常爽的畅快淋漓的感觉。虽然自制也有快感，但和畅快淋漓的快感完全不一样。畅快淋漓的快感，绝不是节制者所能体会的。

虽然人生有很多快感不能一一去体会，比如说杀人放火、乱伦、嫖娼这种快感，代价过大不能去做。但是追个剧、吃个东西、停止一下工作、打个游戏，这种快感还是可以有的。

相反，自制力这个词，可以跟压抑挂钩。

想象一下，你做什么事情都要在一个标准里，不能做得过度，必须符合设定的值，你会是什么感觉？会不会有压抑、压迫、难受、强迫、痛苦的感觉？

小部分人能从自制中获得惊人的快感，就像小部分人能从痛苦中体验到快感一样，他们能享受痛苦。那种境界非我能及。我只可以庸俗地用一个字来描述放纵的感觉：爽。

既然爽，为什么要骂自己，自责、焦虑、后悔，禁止自己去做呢？

有人说，放纵是有代价的。

熬夜，伤身体，影响工作。狂吃，伤身体，影响体形。不学习，会退步，跟不上时代。不工作，会没钱，吃不上饭。犯错误，会被批评，甚至失去工作。

这是一个 1 即 100 的逻辑，就是有了这一次一辈子就完蛋了的逻辑。

请问熬一次夜和狂吃一次，对身体的伤害是几分？自责焦虑一次呢？哦，对了，焦虑也是一个致胖因素，也是身体的一个毒素。请问一个月下班后不学习就玩，会退步多少？反之，下班后总想学习的你，比一个月前进步了多少？不工作就耽误赚钱，请问从不耽误工作的你，发财了吗？

一两次放纵，并不会造成大的影响。这些影响，远不及焦虑、后悔、自责这些情绪带来的消耗大，也远不及地沟油和雾霾的伤害大，完全在人的可承受范围内。

如果连续100次放纵，才会有质的影响，你连续放纵100次试试？这比从来不放纵还难。

其实导致人自责、焦虑、后悔的，并不是因为放纵是有伤害的，而是因为：放纵的感觉太爽了。这种爽太不熟悉，以至于不能长时间停留，必须用一种糟糕的情绪打压回去，稀释这种爽，才能感觉到自己的存在。

我将之称为：不能爽透综合征。

对很多人来说，敞开享受是不可以的，他们潜意识里觉得自己并不值得这样的开心，太陌生、太危险。一旦体验到，必须用内疚来缓冲。

小时候，你打游戏打到嗨的时候，妈妈的河东狮吼就会伴随而来。玩具玩到最开心的时候，一定会是满地狼藉的，“危险”就来了。跟小伙伴们玩嗨了就会忘记时间，“危险”也会随之而来。考试结束想好好放松，家里就会有人看不下去……

你能想象跟你最亲近的人，会随时伤害你的感觉吗？你还敢放开来让自己使劲儿开心享受某一样东西吗？你告诉自己：享受即危险，克制才安全。

盲目地自制，人终将失败。因为自我克制是反人性的。长期不间断地自制会让人很累，长期嫌弃自己不好并强迫自己有自制力会更累。

每当人感到累的时候，潜意识就想保护，说：我想休息。

意识根据经验进行了判断：不行，那是错的，不对的。

潜意识：我就是想休息啊。

意识：不行啊，那是错的啊。

潜意识：可我就是想休息啊。

结果就成了你经常见到的现象：边休息享受娱乐，边后悔焦虑骂着自己。哪边都没顾好。

打败潜意识想休息的动力几乎是不可能的，除非你的自制力强大到可以不顾及自己的感受，就像是关公刮骨疗伤一样可以忽视自己的痛苦。

不过关公好歹只有那么一次毫不顾及自己真实的感受，自制力强的人是天天如此。

累了想休息，这是人的本能。虽然可以被掩盖，但无法改变。因此你可以尝试改变自己后天学习到的部分。那就是：放纵是可以的，享受是可以的，尽情享受一次爽个够更是可以的。

放纵一次不会堕落，两次不会堕落。连续放纵是件很难的事，想做到都很难。

那些所谓的能一直放纵下去不知道止步的人，其实并不是真正放纵，他们只是在放纵与自责交替中不断消耗自己，然后更加放纵，更加自责。

真正的放纵是一场爽透的休息，休息过后，人是会自动向上的。一直不曾真正休息的人，内心才一直想要放纵。

这跟你外在做没做没有关系，而是你的心有没有允许过自己。

允许自己，就是：

既然一定要发生，为什么不是这次呢？

既然发生了，为什么不去享受一次呢？

一直在追求用自制力来自虐的你，就不值得放松享受一次吗？就不值得放纵一次吗？

不内疚、不自责、不后悔，只是觉得刚才很开心。

说话紧张，源于相信自己不够好

跟人说话会紧张，是每个人都有的现象。只不过有的人程度轻点，只在面对有某些特点的人时会紧张。有的人程度重点，泛化到了不仅跟权威者、权力者说话，在重要场合说话会紧张，甚至跟同事、出租车司机、一面之缘的陌生人说话都会紧张。

紧张就像是个老朋友，如影随形了很多年。可惜的是，你一直不怎么喜欢它，不肯正眼看它一眼。其实**紧张是正常、必要，甚至很可爱的现象。**

想象一下，你要做这样一件事情：

• 事情难度大，有点超出你现有的能力，你并不确定自己能否做到。

• 任务很重要，重要到了你一定要去实现，没有任何退路等其他选择。

• 目标要求高，过程中你不能犯一点错误，一点细微的错误就会导致非常大的危险。

面对这样一件事情，你会怎么应对呢？你会不会把自己搞得很紧张？很想逃，却硬着头皮也要上？

紧张是个好东西，紧张可以让人处于应激状态，调动起所有的能量来让自己全身心地应对重要且困难的事，好让自己最大化地完成任务。

跟别人说话紧张就是这么回事。当紧张来光顾你的时候，如果你静下来跟它待一会儿，听听它在说什么，就会发现紧张其实挺可爱的，像一个在撒娇的小姑娘一样。紧张在说：

我想取悦你。

你对我来说很重要。

但我不自信我能做到。

在别人面前说话紧张，是一种想取悦别人的行为。你想做但不确定自己能做到，所以就紧张了。紧张其实是来帮助你更好地完成目标的。你会发现，紧张就是这样一个忠诚的好朋友，它从来不怀疑你的需要和想法是对是错，只在你有需要的时候第一时间过来帮助你。

所以，当紧张再来的时候，记得跟它说一声：谢谢你帮忙。

你不需要把紧张赶走，它只是来帮助你的恩人。你需要反思的是：你为什么一定要有取悦别人这样的目标，为什么一定要把这个目标看得这么重要，为什么这么害怕取悦别人失败。

紧张首先是一种自恋。紧张其实是因为你给自己设定了一个超出自己能力的目标。你潜意识里对自己的要求是这样的。

我一定要让别人觉得舒服，绝不能给别人带来不舒服，这样别人才会喜欢我。

我一定要做对的事情，绝不做错的事情，这样别人才会喜欢我。

我一定要让别人喜欢我，这样我才能跟别人处理好关系。

我一定要跟别人处好关系。如果处不好，就是我不好，那我就完蛋了。

然后你就会装得自己很随和、很博学、很健谈，其实内心忐忑紧张得很。生活中很多人其实都这样，不是他们真的很阳光随和，而是因为这是对的、好的、应该的、被喜欢的。有些人能量不够装不出来，就努力讨好、迎合、照顾别人的需求，以求得心安。再不行的话，就只好躲在自己的世界里战战兢兢地发抖，大气不敢喘一口，生怕这口气喘错了让别人觉得自己不好。

所以，当你紧张的那一刻，其实是自己提出很大、很苛刻的目标，而你自己并不知道。你要完全取悦别人、要表现得超级棒，就被自己的高目标给吓得紧张了。

比目标大更可怕的是：目标一定要实现。犯错成本高，绝不能犯错。

取悦别人真那么重要吗？不取悦别人会死吗？现实里不会，你的潜意识却识别为会死，甚至比死更可怕。

做一件事情，犯错成本越高，人越紧张。

比如考试，同样是考不好，高考的考不好和模拟考的考不好，带给人的紧张度是不一样的。比如，走过一条宽一米的小路你是不需要紧张的，但如果把这条路抬高一万米形成两侧悬崖呢？你应该会紧张得找不到腿了吧。

任务的难度没变，紧张度却变了，因为犯错成本高了，再简单的任务，都会让人变得紧张起来。

跟不熟悉的人说话，似乎是一个危险系数大的任务。说得不好或做得不好，会让别人觉得你不好，会得罪人，别人会指责你嫌弃你，觉得你讨厌，不想理你了，不想跟你做朋友了。而跟熟悉的人说话就不一样了，你知道说错了话不会有大代价，犯错成本低，所以就不紧张。

客观来说，跟不熟悉的人说话并不危险——你不够好又怎样，别人不喜欢你又怎样，至于让你感觉那么难受吗？不理就不理呗，批评就批评呗，觉得你糟糕就糟糕呗。他怎么看，他生不生气，跟你有什么关系？

显然，你不允许自己这样。因为这对你来说，是非常糟糕的体验。

你觉得危险，其实是潜意识里的危险，是经验带来的。小时候你往往要学习各种讨好，各种主动维系关系，不然爸妈会以各种为你好的名义进行批评教育，嫌弃羞辱，或者拳打脚踢，甚至干脆忙别的去了，不想理你，让你觉得自己不重要，不得不去哀求或好好表现。你的经验里就形成了：我那么需要你，我只有伺候好你，你才会看我一眼。

这对你来说，就形成了一个固有的模式。长大后觉得别人都跟当年的爸妈一样，你只有表现好自己，只有照顾好别人，别人才会看你一眼。

你在一个人面前紧张，是因为太想要拥有跟他的关系，太害怕跟他关系不好。

如果你从小就没怎么被看见过，没怎么被宠过，没有人觉得你超级棒过，你很想要这些，却一直没有得到，长大后你就会不惜一切代价，拼命维系所有可能的关系。

你也不相信自己。

其实你表现真实的自己，即使说得不够好，看起来性格不够好，你依然也是被接纳的、被允许的，甚至是被支持、被爱的。

紧张的时候，你是把另一个人当成了对立面的“敌人”：他拥有嫌弃你、指责你、抛弃你的权力，他根据你的表现来打分，你表现不好他就直接让你出局。

这时候你就是有压力的，因为你就像是没有天赋的演员一样卖力地表演，等待着评分。对于不擅长的考核，自然是紧张的。

然而人际关系并不是对你的考核，而是滋养。另一个人是支持你的，而非审视你，并且还可能需要你。你跟这个人说话，其实他已经在被你滋养，你给他带来了新鲜，解除了他一部分孤单。所以他愿意听你说、支持你。

假如你在一个陌生群体里说话，这两种想法你感受一下：

- 我要好好表现，让他们觉得我很好。
- 他们都是支持我的，都是接纳我的。

你的感受会有什么不一样吗？其实陌生人是中性的存在。你心里装着“自己不值得”，就会感受到他们随时在评判你。你心里装着“我值得”，就会感觉到他们在支持你。

对于中性的存在，你赋予什么含义，都是你的经验决定的。

你小时候那么小心，那么害怕，那么努力地讨好着一些人，这些人对你的不满意依旧远超出对你的满意。取悦成功，对你来说是一件很难的事。

你那么努力了，还要遭到不满、嫌弃、忽视，何况不努力呢？怎么会值得呢？那只会更糟糕。所以你只能更加努力取悦别人了，才能换来一点支持和爱。

小时候你就是被这么训练成了“我不值得”的自我意识，然后带到了现在。但是你知道吗？你本来就很好，自然状态下，就值得别人喜欢你。

紧张，往往是一种看不起自己。

那么，怎么让自己跟别人说话的时候不紧张呢？

我教你一个方法吧。跟人说话觉得紧张的时候，你可以用手拍着自己的胸脯，默念：

- 你，×××（喊出对方的名字），对我非常非常重要。
- 我，×××（喊出自己的名字），一定要把你伺候舒服！！

试一下，是什么感觉？

大声喊出来，效果更佳。

这个过程被称为潜意识意识化。也就说，当你能够用语言把潜意识的内容表达出来的时候，它会自动减弱，甚至消失。

你回避社交，不是因为你内向

本来我想说，内向是一种病。想想还是不妥，毕竟我也很内向的，这么说自己也不是太好。

其实内向也挺好的，这么多年来，内向不知道给我做了多少次挡箭牌。我跟不熟悉的朋友在一起的时候，出现在陌生场合的时候，有重要人物在场的时候，跟姑娘单独相处的时候，都觉得有压力，甚是尴尬。但是因为我内向啊，所以我不会说话啊。多好的解释。

然后我就成了宅男。

说起我很内向，很多要好的朋友都不相信：就你？没有人比你能闹腾的。

是啊，为什么在有的人面前我内向，在有的人面前我很外向呢？因为如果说内向是一种病的话，它是一种间歇性发作的病，有时候犯病，有时候不犯。

那么，我是什么时候染上这种病的呢？

我相信人天生是外向的，因为与人连接是一件非常滋养的事情。

婴儿需要妈妈，对婴儿来说，主动发出自己的声音要比不主动发出自己的声音更有利于生存。

与人连接，是那么的美好。喜悦与人分享，喜悦就会加倍；难过与人分享，难过就会减半；孤单与人分享，孤单就会消失；困难与人分享，就会得到帮助。有一个人或很多人能在你身边，接纳你、允许你、关注你、认可你、看见你，是多么滋养的一件事。

关系是滋养人的，而外向就更加容易得到关系。所以似乎外向更加符合人性。那么是谁修改了人类最初的设置，把人变得回避社交，开始内向了？

对婴儿来说，不哭比哭更安全的时候，他就慢慢学会不哭了。

当关系不再是滋养，而是压力的时候，人就会回避社交——趋利避害的本能。果子好吃，人就会想吃。果子变坏的时候，人就想扔掉。

对婴儿来说，他表达需求，如果得到满足，就会更加渴望关系。如果需求被忽视，他就会怀疑关系。如果需求被否定，他就会逃避关系。如果还反过来被要求，他就更想逃避了。

婴儿哭泣时，妈妈是什么态度很重要。在他长大的过程中，他是否被环境允许和接纳，他是否被认可和看见，他是否自由，他是否能做自己，他周围的关系有没有在滋养他，都决定着他怎样感受关系。

答案如果是否定的，孩子就会回避关系，因为他在关系中实在没得到什么好处。

如果跟妈妈在一起的时候，妈妈做了很多破坏关系的事，忽视孩子，看不见他的需求，看不到他的委屈、难过与害怕，还反过来告诉他应该懂事、听话、礼貌；当孩子感觉到恐惧与无助的时候，妈妈不帮助他，反而指责他各种不好，提各种自己看起来很对的要求，否定他、嫌弃他，让他不自在，孩子潜意识里就会对关系产生恐惧。为了生存，他必须使用高焦虑来应对关系，必须小心翼翼，好累。

久而久之，累成为一种常态，孩子就不会觉得焦虑和累了，他的潜意识里形成了这样的印象：关系即要求、关系即评判、关系即压力。关系成了负担的代名词。

这种累与焦虑，在孩子长大后每当与人相处的时候就会被激活。最后他发现，还是跟自己待着比较舒服。

跟别人在一起，你总觉得应该好好表现才踏实，应该掩饰自己不好的一面不被人知道；总要刻意表现与掩饰，不能乱动乱说，生怕别人发现自己哪里表现得不够好，批判、嫌弃自己。

跟别人在一起，你还要顾及对方怎么看、怎么想。有时候你宁愿委屈自己，也要处处照顾对方的感受，尽量不给对方添麻烦。

想想就很烦，好累。

这是因为不相信自己是被接纳的，不相信别人对自己没要求。

即使别人对你好，你也不敢接受。人家愿意跟你建立关系，愿意滋养你、爱你、对你好，是因为你值得。你却总有一种受不起的感觉，不敢享受，你总想着给别人添麻烦了多不好，压力好大。

来不及感动，你就开始了焦虑。

来不及好好享受，你就想着怎么回报人家。生怕自己欠了别人的，生怕别人觉得自己自私，生怕因为自己没付出搞砸了关系。你根本无法享受。

你说，人家对你好你当然要回报。拜托你在当下先好好享受，好好感动，好好被温暖，择机再讲回报好吗？你还没开始享受就在思考该如何回报，那感觉就像是——

周五晚上，假期刚刚开始，你却满脑子都是：假期结束后总是要好好上班的，没有单位会在你毫无贡献的时候还给你放假，你开始焦虑，下周一要来了，下周工作要认真啊，要认真。

假期没享受，光想着干活的事了。

你开始讨厌工作，因为你从来不曾真正休息，只想着如何工作。

你也开始讨厌关系，因为你从来不曾真正享受，只想着如何付出。

虽然你还是很渴望别人的好，但你不敢接受：还得回报，还给别人添麻烦，好累。

跟人相处，如果累、焦虑、有压力、不享受、不自由，带来的不舒适感远远大于舒适感，为何还要与人相处？

偏偏成功学家和“鸡汤学家”都告诉我们：你要社交，你要人脉，你要阳光，你要善言。然后你又开始强迫自己：我应该去社交。

意识听到的是：我应该去受罪。

潜意识开始反抗：好讨厌，不想去。

意识说：我应该去，这是为我好，这是对的。

潜意识说：太累、太焦虑、太痛苦，不想去。

PK 开始。内耗开始。最后你可能把自己弄抑郁了。你的精力在神不知鬼不觉中都消耗完了，抑郁自然会登场，说：别想了，对世界的感觉再麻木点，你就不用消耗了。

人都有趋利避害的本能，如果关系是滋养的，你会自动建立关系；如果关系是压力，你就会远离关系。你回避社交，那是因为关系对你来说不是滋养的，而是压力。这时候强迫自己社交，只能把自己搞得更挫败、更自我否定、更抑郁。

你从来不曾相信，关系对你来说是安全的。其实你是被接纳的，你是被允许的，只要你表现得不是太出格，你都是受欢迎的。

你会发现，外向的人什么都敢说。你敢吗？你怕，怕自己说错了，还不如不说安全，说错了比不说受到的惩罚更大。因为你小时候就是这样：不说才是安全的，一说就被指责；不表现自己才是安全的，一表现自己就被发现不好。

外向的人的确容易说错话，被一些人喜欢，也被一些人讨厌。你敢吗？我想即使有 99 个人喜欢你，只要有 1 个人讨厌你，你就不敢说话了。

你为了确保自己绝对安全和不被讨厌——闭嘴是唯一的选择。

内向都是被自己吓出来的。因为内向者的潜意识目标就是：我要说出一些话，让所有人都不讨厌我，都喜欢我。准备好话题，准备好怎么说，并且在最恰当的时机，我才能开口说出来，否则我选择等待。

结果……

你可以想到吧。

你会发现，内向的人如果被鼓励、被赞扬，就会慢慢活过来，而且会表现得很好。因为他已经在潜意识里酝酿很久了，只等待着有人邀请他。

如果一个人相信环境是安全的，他就会很外向；如果一个人相信环境是不安全的，他就会很内向。安全与否与真实的环境无关，只与内心的信念有关。内心的信念，则来自童年的经验。

当你开始相信遇到的很多人都是接纳你的、对你不求回报的、认可你的，你就能享受到关系中的滋养。

外向，也就来了。

正如你小时候或者刚出生时那样——大胆表现，无所畏惧。

因为你坚信，无论你怎样，你都是被接纳的。

你要相信，你正在被支持着，而非被评判着。

累，是因为想要的太多了

有时候我觉得活着特别累，累到不知道为什么活着，累到什么都不想干，甚至不想活。而其实我什么都没干。

我并不是说我想死，而是说我不知道活着到底有什么意思，到底要干吗。每天像是在忍受生活一样，数着一天天过去，等待着死亡到来。不像是在生活，而是在被活着。活着就像是一件无奈却又不得不做的事情。觉得一切都很重要，一切又都不重要，整个人都是空的。

我不知道这样的生活对我来说意味着什么。一切都乱七八糟，无论是工作、感情，还是自己。

直到有一天我坐在飞机上看着夜色茫茫，仿似明白了些什么：

- 是什么让我过成了现在这个样子。又累、又乱。
- 我想要的太多了。

我们有时候会想要很多，多到自己都意识不到。

工作上，我们想要工作顺利。

想要赚到足够的钱，想要得到客户的认可，想要得到领导的肯定；想要完成自己都吐槽不合理的 KPI，想要努力证明自己；想要上班从不迟到，想要遵守单位的规章制度。

想要不看领导脸色，想要跟同事处理好关系；想要提升专业技能，想要增加知识宽度，想要做好未来规划，想要想好辞职后的退路；想要面对问题迎难而上，绝不逃避。

想要改变别人，又想要忍着不说，控制情绪；想要好的心态，想要有果断魄力，不拖延、不怯懦；想要坚持、毅力、勤奋、上进，不懒惰怠慢；想要自信、阳光，不消极悲观；想要文明礼貌，不轻易评判指责别人。

想要有好一点的口才，想要有清晰一点的逻辑；想要有明确的目标，想要有某种特长，想要有某些才艺，想要有创造能力，想要一切好的能力。

外在想要很多好的成绩、习惯、形象，内在想要很多好的品质、心态、能力。不仅如此。每当看到身边的人如鱼得水，我们还会哀叹自己卑微落寞。看到别人优秀的一面，我们会羡慕，想要自己也变得如此优秀。

回到家也是一样。

我们想承担家庭中应该承担的责任，想照顾好老人、孩子、伴侣；想要能压抑自己被频频激怒的情绪，想跟家人和谐相处；想要多花时间陪陪家人，想要跟他们在一起的时候足够专心；想要父母对自己满意，别再控制自己；想要一个轻松的家庭环境，想要呼吸一口宁静的空气。

生活上，也总是想要改变。

想要换辆好点的车子，想要换大点的房子；想要唱歌、旅游，想要约朋友逛街、喝酒；想要养生调节身体，想要早睡早起；想去健身运动，想营养卫生；想要放下手机，想收纳房间，想打扫卫生，想焕然一新，想断舍离很多很多。

此外，还想要别人觉得我们好，觉得我们不自私、不懒惰，想要好形象，想要别人喜欢我们。

总结起来就是：

• 我觉得好的特质、能力、形象、习惯、性格、成绩，我都应该有。

• 我觉得人应该做的事情，我都想做到。

• 我觉得身边人好的地方，我都想要有。

• 我觉得重要、在意的人，我都想要他们觉得我好、喜欢我。

• 读书的时候，每当读到一个好的道理，我就想做到。

我们每天都会自动化地发现，自己有很多不满意的地方，有很多可提升的地方，会自动化地觉得自己有很多想做的事情、想要的东西。可是我们的时间、精力、能力，都不足以支撑自己做好这么多事。

想想就累，何况做呢？

没做又自责，更累。

当一个人觉得很累的时候，其实是因为想要的太多，自己的能力、精力不足以负担自己想要的，形成了透支。透支就会让人累。

这时候保护自己的方式，就是要感觉迟钝一些，觉得什么都没那么重要，才能缓和自己，让自己不再那么透支。

我们把精力都用在了这也想要那也想要上，就会不自觉地在这儿努力点，在那儿努力点，无形中造成了很多透支。

当发现自己性格不够好的时候，就会想我该怎么改变自己的性格；当发现自己赚钱不够多的时候，就会想我该怎么赚多一些钱；当发现自己知识不够丰富的时候，就会想我该多读读书了；当发现自己责任心不强的时候，就会想我该怎么多负点责任。

每当发现自己不够好的部分，就想改变；每当发现正确的道理，就想做到。所以每天都处在这样的状态里：这里我要改正，那里我也要努力。

东一榔头，西一棒槌，没有一个恒定的方向。像是一个走进百货商场的小孩，这很好要买，那很好也要买，完全忘记了最初为何而来，没走几步，就累得精疲力竭了。结果自然是既感觉累，又什么都没干。

点外卖的时候，看到好吃的，我就想点。这家好吃，我想点。那家好吃，我也想点。这个好吃，我想点。那个好吃，我也想点。20 分钟过去了，在好几家店里反复周旋。终于，我感觉到非常烦躁：叫份外卖怎么这么痛苦。

一个人不知道自己要吃什么很痛苦，一个人太知道自己想吃什么也很痛苦。活着也是一样，一个人不知道自己想要什么是痛苦的，一个人什么都想要也是痛苦的。

一个人什么都想要，恰恰是因为不知道自己想要什么。

因为如果分不清楚什么是自己想要的，他就会什么都想要，什么都不想放弃。到最后不仅什么都没做好，往往还会把自己搞得满身狼狈。

得到、做好，都是以放弃为代价的。减少对不重要的东西的投入，才能保证对重要的东西有足够的投入。

不懂得放弃，就不会真正得到。不是得到后才放弃不够好的，而是先放弃不够重要的，才能得到真正重要的。

如果对你而言，最重要的是多赚钱，那么利于赚钱的因素至少有100个，比如在单位搞好人际关系、提升专业技能、提高业绩等，你不可能面面俱到全面提高。你要知道哪个才是你最看重的，其他的可以适当放弃一些。

如果对你而言，最重要的是家庭和谐，就可以适当放弃对工作、性格、能力、形象、人际关系等其他领域的投入。你不必太介意工作中表现出什么样子、业绩多少、同事和领导怎么看你，你只需要知道在工作中能实现你最想要的东西就好了，这样你才会有心情、时间去陪家人。你也可以放弃对房子、车子、装饰的过度追求和幻想，有了自然更换，没有的时候也不必为此耿耿于怀，不开心。

如果对你而言，身体健康非常重要，就需要健身运动、早睡早起、营养规律。为了做到这些，你就要放弃对其他东西的执着和追求。

放弃的意思，不是完全不做，也不是不去为之努力，而是不因此而消耗自己，不为自己其他方面不够好而介意，不自责、不放在心里、不产生不好的感受、不在意别人怎么看待你这些方面。

婴儿在这方面做得比较棒。当婴儿不被满足时，会先用哭闹来获得满足。当婴儿意识到这些无法改变妈妈的时候，往往会放弃自己的需求，放弃独立的自我，用讨好、乖、温顺来委屈、压抑自己，满足妈妈，以让自己活下来。

是的，当外在环境和他人无法为你负责的时候，当你的能力无法应对全部外在的时候，你必须学会放弃，以保存你最想要的东西。

当你知道自己最想要的是什么，就容易接纳其他生活方式。

当你知道自己为什么而活，就可以忍受任何一种生活。

当你知道自己为什么而活，就可以清晰地看到自己在一点点得到，在一点点进步，为自己每一分进步而感动。

当你知道自己为什么而活，就可以庆祝每一分进步，可以给自己放假休息，可以看到自己真的很棒，可以活得轻松从容。

愿你可以拥有轻松、快乐、富足的人生。

冷战后，主动的人才是强大的人

对于两个陌生的人，冷战基本就是关系断裂，不再往来。然而对于两个熟悉的人，闹矛盾陷入冷战就比较麻烦。如果不想关系断裂，就要面临着非常严肃的问题：谁先主动？谁先低头？谁先示好？谁先道歉？

通常我们会觉得：当然是谁错了谁该道歉，谁做得过分谁应该先低头。可现实却是，产生矛盾的两个人，他们的想法出奇一致：都觉得是对方做错了，是对方很过分，自己很委屈。

如果是男生跟女生吵架，有些人会觉得当然男生先道歉。这是一厢情愿的想法，实际上男生对此的同意度会远低于女生。在一段男女不平等的关系里，一定要通过其他不平等来补偿，关系才能维系。

每个人都不愿意先主动低头道歉。主动低头这件事，对于还不够强大的我们来说，是要跟自尊挂钩的。主动、低头、道歉，这些都是面子。在集体潜意识层面，那可比命更重要。头可断，面子不能丢。内心真正强大的人另算。

那，谁先来？

冷战后，不是谁错了谁就要主动低头，而是谁的需求更大谁就会主动低头。也就是说，如果此刻你对他的需要大于他对你的需要，那么只能你先来道歉了。更直白点就是，如果你在乎他比他在乎你多，那就需要你先主动道歉。

这是不是听起来很可怜？没办法，需求大，情绪就会强烈。情绪强烈，难受值就会很高。人越难受，越难以用理性控制自己的行为。

这就像是两个很饿的人，他们约定谁先去动面前的馒头，谁就输。谁会先动呢？在意志力同等的情况下，通常是更饿的那个人先忍不住。

所以当你们陷入冷战，不要去责怪谁对谁错。每个人都会觉得对方错了，都会觉得自己不该被这么对待。你只需要问自己：是面子更重要，还是关系更重要？

如果对方能自动改变，或被你改变，能主动哄你，不计前嫌，这自然是最好的。但是在他不可改变的前提下，剩下的就是你的选择了。对你来说，面子和关系，你更想要哪个，你是否比他更离不开关系。

你不要赌气，不要以为自己也可以离开关系。对关系的依恋，不是理性能决定的。你的感受就是如此，你的意志力、承受能力，都不是理性决定的，都是自然存在的。

你更不要怪自己为什么这么在乎他。你比他更在乎关系，看起来你好像很可怜，处于被动的地位，更弱势。实则不然，你在关系里依恋更深，意味着你比他获得的满足感要多很多，你在关系里的所得比他要大。所以是他很可怜，同样一段关系，他得到的没有你多。

对于一样东西或一个人，满足感越多，越是依恋；越是依恋，越是离不开。这才是正常规律。

当你先主动道歉，不必懊恼。你要知道，你此刻的低头，是因为你之前得到太多了。

当然，也有别的办法可以保全你的面子，让他先主动低头。办法至少有两种：威胁与诱惑。

你只要给对方足够的威胁和惩罚，前提是，威胁真的管用。好多男生女生动不动就喜欢提分手、离婚，这种威胁只在某些时候管用，弄不好就会弄巧成拙，反而更不好了。所以，你得有更高级点的惩罚。

曾经有一个男的跟他老婆说了一堆服软的话，让老婆特别满足。我觉得这种诱惑的方法很好啊。

如果你能告诉他，他主动道歉的话，就给他哪些好处，也很好的。

冷战了，谁该先主动呢？

答案有四个：

- 谁更在乎关系。
- 谁更能被对方诱惑。
- 谁更害怕被对方惩罚。
- 谁更强大。

这跟谁对谁错着实没有多大关系。

主动，除了没面子外，更可以是一种强大。因为主动与被动之间，是供给者与被满足者的关系，其原始意象就是妈妈和婴儿的关系。婴儿需要抱抱需要举高高，妈妈就主动来了。妈妈可以随时离开婴儿，婴儿却不能离开妈妈。

所以主动的人，才是强大的人。大人不记小人过，不就是一种强大吗？

虽然没有人能一直强大，但是此刻，你愿意选择强大吗？

需要被别人夸，是要填补童年时妈妈夸奖不够的缺失

对认可的追求，人类从未停止过脚步，以至于很多人都有了这样的错觉：

- 我不被夸是因为我不够优秀，做得不够好。
- 当我优秀的时候就会收到很多赞美和表扬。

因为这样的逻辑，经常让你觉得自卑或生气。你那么努力，那么拼命，不知道你的心底是否也存着这样的疑问：我真的是好的吗？每当你拿出一个新玩意，会了一种新技能，有了一定成绩并尝试表现的时候，都隐约有份期待：别人会羡慕我吗？会表扬我吗？会觉得我很好吗？

可是你被夸与否并不是你优秀与否决定的。被夸是两个人的事情，你有没有值得夸的，他会不会夸你。这是两个人共同配合才能完成的。只因为你优秀与否，就要决定你被夸与否，显然是自恋且不公平的。

我们要了解潜意识在什么情况下才能夸别人及什么时候夸不出来，才会知道别人为什么夸或不夸我们。

我们什么时候才会夸别人呢？

在你面前，当我能确认自己并不糟糕的时候，我才能由衷地夸你。比如，初遇陌生人听说他很了不起的事迹时，我们会不禁发出“哇，厉害了我的哥”等类似的感慨，我们由衷地敬佩和欣赏他的宏伟业绩，觉得自己不如他并不是一件可耻的事情，而且很正常。

你真的很优秀，我没有这个部分我也并不在意。比如面对一个能歌善舞、心灵手巧的人，我们能由衷地表达钦佩之情，因为我们不在乎自己有没有这部分。

但是你的月薪一万元，大学同学月薪两万元，你夸起对方来就会困难些，如果你在意薪水和能力的话。如果你不觉得自己漂亮，就很难由衷地夸另外一个人漂亮。

我真的很优秀，甩你几条街，这时候我就能谦虚。我愿意放低自己衬托别人，给你力所能及的欣赏、肯定和鼓励。这时候我们夸别人，实际上就是在夸自己。我们越是谦虚，越是在夸自己。也就是，你这么厉害，然而我比你更厉害，我根本就不需要通过你来认同自己，反而愿意去认同你。比如你确认自己十分漂亮，这时候你就较容易夸别人漂亮。

当我爱你也相信你爱我的时候，我深深地知道你是接纳我的，不会嫌弃我，我愿意给你我的赞美。在你面前，我不卑不亢。我能发现自己的好，也能发现你的好。我舍得爱自己，也就舍得爱你。

因此夸奖别人的能力，并不是由对方是否优秀决定的，还得取决于夸人的这个人怎么看待自己。

很多时候，我们无法夸别人，是因为他们激活了我们的羞耻感。我们常常会有这种感觉：大家都是差不多年纪，差不多起点，或者某些方面他还不如我，他怎么就比我厉害。因此，在他人面前，我们会被比得十分惭愧，无法确认自己的优秀，所以我们只能在心里羡慕，然后默默感到了自卑，也就很难再说出赞美的话来。这时候潜意识里的语言就是：夸你，就是在侮辱自己。

有时候为了显得自己大度或假装不在意，就会强迫自己夸别人，这时候的夸会略显得尴尬，因为里面夹杂着很多的攻击。聊天的时候，空气都凝结了，接下来的聊天会显得不自然。

人们更愿意夸比自己差点的人，不愿意夸比自己好点的人。

夸一个跟自己水平差不多的人，也是很难的。夸的地方自己还很在意，夸起来就会更难。自己对此还感觉到惭愧，夸起来就难上加难。

所以表面上很要强、强势的人，他们很难夸别人。他们骨子里就不自信，他们不能接受糟糕的自己，所以不会夸人。夸人的过程，对他们来说就是自取其辱。

你要知道，**别人不夸你，才是对你最大的认可。**你已经比他优秀了，他再夸你，他就无所遁形了。他也那么需要被夸，你还比他优秀，让他怎么夸得出来?

在你面前，我能确认自己并不差劲的时候，才能夸你；在你面前，我无法确认自己优秀的时候，就需要被夸，我只会羡慕嫉妒，再夸你就会比较困难。因此，如果你很好却没有被夸，是因为我已经认可了你比我好。

这里的好与不好、优秀与否，跟现实的外在拥有没什么关系。你外在十分优秀，只要潜意识里看不起自己，就会跟很多人无意识地竞争、比较。

我们跟一个人较劲、比较、竞争，是因为潜意识里觉得自己跟他水平差不多，所以才想要比出个高低来。

我们为什么需要被夸呢？

夸与被夸，在最原始的意象里，这是妈妈对孩子做的事情。妈妈负责夸人，孩子负责表现。妈妈做得不够好的时候，幼儿园的阿姨就会接过这个接力棒，通过小红花完成夸奖大业。如果这也完成不了，那么就会交给社会，孩子就会拼命努力，获得他人认可。

当我们需要被别人夸的时候，实际上是在把别人当成妈妈，想要填补小时候妈妈夸奖不够的缺失。这个过程伴随着大量的理想化，即我们认为他人是有足够能力夸我们，为我们服务的。我们像婴儿一样，沉浸在自己的饥渴里，看不到他人本身的局限。

是的。夸你，是照顾你的一种方式。这是妈妈对孩子做的事。你需要别人的照顾，可是你不知道的是，对面这个人也可能是个“小孩”，在等待着你夸，而夸不了你。

你需要被夸的时候，就主动把自己放到一个弱小者的角色上，把对方放到一个强大者的角色上。你们已经不平等了。

从这个意义上来说，求夸奖，是对自己的一种看不起。

一个真正自信的人是这种姿态：

来，让我夸夸你。因为我已经足够好了，我给你点滋养。

一个不自信的人是这种姿态：

我究竟是不是好的？你倒是给我一点确认，滋养一下我啊。

可是，别人不夸你，那才是真看得起你。

第三章

我们所有的问题，都是在人际关系中间形成的

一个人对你生气，跟你做了什么没多大关系

有没有一些时候，一个人对你生气，让你觉得他莫名其妙、小题大做、无理取闹、不可理喻。然后，你怼回去，接着你们吵了起来。比如两个人出去玩的时候，两个人在家做饭的时候，两个人聊着某个话题的时候，不知道他怎么突然就生气了。

有时候出于在乎或和谐的需求你会憋着，但最后憋不住了还是会怼回去。因为有情绪憋着不吵通常是没用的，对方在你的不回应下，很难戛然而止。而一旦吵起来，就会越吵越激动。

你会发现，你们的吵架已经跟当时的事情没有多大关系，有点为了吵赢而吵架。越吵越愤怒，越愤怒越吵。其实这时如果其中一个人话风转变一下，结果就会很不一样，然而结果通常是谁都转变不了，越吵越凶。

你有没有想过，当他对你生气，为什么你会本能地想怼回去？

因为你在害怕。

他对你生气，意味着他在说都是你的错。此刻他嫌弃你、不喜欢你、不满意你、讨厌你，甚至想离开你、放弃你。而你不喜欢这种感觉。你害怕被否定，害怕被指责，害怕被不满意。这意味着你不被爱了，你还想要被爱，所以你要堵住他的嘴，绝对不能让他对你不满意。

你害怕不被爱了，所以要积极保护自己。

你无所谓的人对你生气，你可以大度地无所谓；而你心中重要的人对你生气，你容易怼回去。直到你停下愤怒，才能看到愤怒背后的害怕，在你的内心深处一直有声音在回荡：

- 他否定了我。
- 他在说我不好。
- 他不能说我不好。

……

一个人为什么会对你生气呢？

一定是你做了什么让他生气。你对此负有一定的责任，但未必是全责。

我们有一个公式，可以帮你分清楚双方责任：

他的愤怒 = 你的刺激 – 他的承受力

当他对刺激的承受能力大于你的刺激程度时，他的心情是正向的，是不会愤怒的。因为他完全可以消化掉你的刺激，不跟你计较，感受不到你带来的任何伤害。这时，他宽容度高、乐观开朗。

当他对刺激的承受能力小于你的刺激程度时，他会感受到来自你的伤害，他的愤怒就会被激活，冲你而来了。这时，他是易激惹的状态。

一个人遇到超出自己能承受的刺激时，会自动想用情绪来排解。所以我们压力大的时候容易烦躁，被伤害的时候容易愤怒。

一个人的愤怒，其实有两个来源：自己的承受能力比较弱，对方的刺激程度比较强。

这里我们不讨论谁对谁错的问题，因为一个人在生气的时候，他的心里是没有“我也有错”的概念的。一旦有这样的概念，就是内疚，不是生气了。人的情绪错综复杂，我们只讨论愤怒的部分。

诚然，如果你不刺激他，他不会生气。这是理想化的状态。

而两个人相处，彼此都不是对方肚子里的蛔虫，做不到事事小心、谨小慎微。如果事事都要让对方满意，就没法相处了。所以有时候你刺激到对方，给对方带来伤害性的体验，是一件在所难免的事情。除非你们不产生任何关系。

怎样减少你对对方的伤害刺激程度？我们在此先不谈，想讨论的是什么让他此刻承受能力变低了？

一个人对刺激的承受能力不是固定的，而是随着时间、情境的变化而变化，有时候高，有时候低。让一个人情绪承受能力变低的原因可能有以下几个方面。

第一，自身状态低迷。

最近特别累、连续没怎么睡好、体能下降，最近天气不好、太冷或太热，女性生理期、女性孕后、情绪抑郁期等一系列原因，都可能导致一个人状态低迷，对刺激的承受能力比较低。所以有健康的身体，是有助于好心情的。

第二，移情性装满。

一个人如果最近遇到很多刺激无法消化，就会转移到一个安全出口来释放。比如爸爸妈妈在单位受到了批评，自身无法消化、无法释放，就会到孩子这里来释放，找到一个理由就想发火。一个人的潜意识会自动评估爆发情绪的危险性，在危险的客体那里就发泄不出去，消化不了就暂时储存在自己身体里，等遇到安全客体的时候就会倒给他。

很多做服务业的人，经常会碰到客户的愤怒情绪，是因为他们被客户感知为安全的，并不是因为他们哪里做得不够好。

第三，对关系的怀疑。

如果一个人对你已经产生了厌倦，对你有诸多不满，对你们的关系产生了怀疑，他对你的刺激承受能力就比较弱，容易遇事就发火。情侣之间如果已经有了缝隙，出于某些原因没有分开，或者分开又不舍得，在一起又很疲倦，潜意识想放弃，然后会自动找到很多发火的点，企图把关系拉得更远，好让自己下决心。遇到出轨却还在维系感情的容易这样，本来就不确定对方是否为结婚对象的也容易这样。

第四，自身的不安全感。

有的人对他人信任度比较低，融合过程就会比较难。关系超出自己能承受的亲密程度的时候，潜意识就会感觉到恐惧，就会通过时不时发发火来推开距离，保护自己。

此外，还有其他一些可能的因素。这里就不详细讨论了。

总之，一个人对你生气，其实跟你做了什么没多大关系，是他需要找一个人发泄一下愤怒，而你对他来说是安全的。这并不是在否定你。

所以你们就某件事的对错进行争论是没有意义的。就事论事地解决愤怒，效果并不会太明显。当下的那件事只是一个导火索，解决了这件事还会有下一件事来点燃。

你不可能事事小心地避开所有雷区，毕竟你的职业不是“工兵”。更何况**很多时候，不是你做错了他生气，而是他想生气所以你错了。**

你开始意识到这个现象，接下来就变得很简单了。

一个人对你生气，你要知道，多少成分是因为你做了什么刺激到了他，多少成分是因为他自带情绪，是其他原因导致他对刺激的承受能力低。

你要记住，一个人对你生气可能跟你没什么关系，是他需要生气。如此，你就会知道自己没有被否定。你也就不会掉到被否定的陷阱里，也就不会反弹，更不会憋屈。你能有的最大委屈不过是：此刻他没有能力照顾自己，也没有能力照顾你。

跟一个人在一起，此刻他没有能力爱你，甚至需要你，你怎么办呢？你要学会跳出某一件事，看到一个人的状态。

如果你想，可以去哄哄他，风暴很快就会过去，你也会因此而获益。

如果你不想，静静地听着他的愤怒就好了，风暴总会过去，你也不会因此而损失什么。

如果你认同了他的否定，就会怼回去，风暴会变大，你会因此而产生损失。但最重要的是，你不必为他的愤怒负责。更准确地说是，你不必为此负全责，你不必承担他的愤怒。

不承担对方的愤怒，不是怼回去，不是“既然不是我的错，你就不该对我生气”，而是允许他生气，允许他骂你、嫌弃你，而你不必认同。他只是需要个出口，借用你一下。

他生气，是他此刻的无奈。你认同，就是你的问题了。

如果你有强烈的不公平感，有强烈的“凭什么”感，其实你还是在认同。因为你在说：既然不是我的错，你就不能否定我。你如果否定我，就代表是我的错。

我们要全面看待他人的生气，而不应局限于某一种原因里。

如果此刻你在生气，那么识别自己愤怒的来源非常重要。你需要对自己诚实点：

- 多少比例，是因为他此刻做得不好刺激了你。
- 多少比例，是因为你最近状态不好心烦意乱。
- 多少比例，是因为你在其他地方受到了挫败。
- 多少比例，是因为你不坚信你们的关系，你本身就想离开这个人。

如果是你对刺激的承受能力变低，以至于有些易激惹，不妨跟对方沟通自己生气的真正原因，并表达自己需要被安抚、被照顾的需求，而不应是迁怒。

从绝望中看到希望，可以使自己变得更好

有一段时间，我接连遭到了对我来说非常重要的四个人的否定：

- 我的学员。
- 我的读者。
- 我的老师。
- 我自己。

有一次我发表了一篇文章，遭到了一些读者的抨击和取消关注，他们指责我很没有爱心。而前段时间，在一次课后，一个学员给我发了封长长的邮件，告诉我这不够好，那不够好，大致意思是，我说话太直接，毫不考虑别人的感受，而他上过某某老师的课就不这样，很温暖。

当时我有些被否定的愤怒、委屈，觉得需要温暖不要来找我，我就是一个非常犀利、直接的老师和作者。但更多的是感到悲凉，虽然他拿一个非常厉害的老师跟我比较，但他指出的问题其实是存在的，我的确是一个不够温暖的人。我开始了深深的自我否定，自我怀疑：是我不好了吗？

我的心感到很凉。

前几天我在接受督导的时候，老师也说了很多否定我的话，指

出了我的很多问题。比如说我在咨询中，问题虽然把握很准，但缺少对人的尊重与关怀。问题分析得再对也没有用，因为人们都是先听态度，后听内容的。

我很难过，因为督导老师说的是对的。

我有种客户和老板同时都在指责我的感觉，并且他们说得都对。不仅如此，否定的程度对我来说也有点大，我明显感觉到自己承受不了。我觉得人生掉进了灰暗中，感觉自己差劲，不配拥有现在的一切，对不起所有支持我的人，什么都做不好，连基础的工作都做不好，犯了一些幼稚得不能再幼稚的错误。

幸运的是，我是个心理工作者，没有掉到自怨自艾里。我去问我的治疗师我怎么了。我每周只能去见她两次。在见她之前，我总在回放咨询的时候我们曾经说过的话，并开始问自己：我怎么了？

我连续被否定，这让我觉得挫败，情绪很低落。

他们否定我，这里面当然有他们自己的问题，有他们的议题。但是我对否定反应如此强烈，就是我的议题了。此刻我不需要去分析他们，而是分析自己，为自己做点什么。

对于否定，我不想再去反抗，因为我发现他们之所以这样，我也存在问题。即使我表达的观点再正确，我不去考虑受众的处境，不去考虑他们的承受能力，不去考虑他们的背景，不去理解他们的心情，我就不是一个好的咨询师。

电视剧《外科风云》里，陆晨曦可以不顾病人隐私当着那么多人的面直接询问“你做过硅胶植入假乳房吗”，导致病人愤怒。庄恕医生却是趁没人的时候说：现在这里只有我们两个人，你可不可以偷偷告诉我……

陆晨曦的问诊内容是符合专业需求的，但是失去了对受众处境的理解，结果导致病人不接受治疗。而没有病人的配合，好医生是不存在的。

读者对我的愤怒，是在提醒我，他们的感受和处境没有被照顾到，我攻击了他们。督导老师更是直接指出了我的这个问题。我是与人工作的心理工作者，并非与观点工作的科研者，应该要考虑受众处境，不能一味发出自己的声音。

然后我想，这个问题被呈现出来，给我带来的意义是什么？

对于他们的否定、指责，我并不是生气，而是难过。一方面，我很希望被肯定、被认可、被赞同，我没有得到，所以我很悲哀。另一方面，我不怪他们，这让我看到了自己的伤痛。他们没有按我期待的方式爱我，让我感觉被嫌弃、被抛弃。

这只是戳中了我小时候总是被妈妈责怪为什么不够好的伤而已。与他们无关。他们的否定在提醒我：我那么在意被嫌弃。即使这种嫌弃是我自己想象出来的。当看到这一点的时候，我哭了。

我看到小的时候，我在院子里玩，妈妈回到家就凶我的场景；我看到妈妈不在家，我一个人在院子里玩的场景。那个院子承载了我很多难过，我很需要被靠近，需要亲密，这些我小时候都没有得到过。长大后，对于别人推开我的行为，我怎能受得了？

这些都与他们无关，是我自己抓着小时候的伤痛不放。于是我释怀了。**他们的否定带给我的意义，就是让我再一次看清楚自己，让自己变得更好。**

然后，我做了一个决定：我要“长大”。

这个世界上，还有很多爱我的人，我想去发现爱。一言不合就取消关注的人，本身就跟我无缘。愿意留下的，都是真爱。就像督导老师虽然否定我的操作，但她是接纳我这个人的。她的否定没有任何恶意，只是告诉我，我可以改善的地方。我更想爱自己，我不需要再对自己那么苛刻，非要做一个完美的人。我只是一个在慢慢成长的心理工作者，不是别人眼中的大神。

然后我想，对于他们间接或直接指出来的问题，我可以做哪些调整，有哪些坚持？

我想再慢一点，晒晒太阳，吹吹空调，让自己多一些安静，少一些浮躁。我想去旅行，去看看风景，去认识好玩的人，去感受这个世界的温暖。我的情绪没调控好，可能是近期有些累了，所以容易激惹。我想减少工作量，让自己有更多的时间去休息、去玩。

我想多请教身边的人，我想用请教的方式去关心每一个我想关心的人；我想去请教他们有什么感受，他们平时的心情怎样，我想去跟他们建立连接；我想去告诉他们我的爱、我的渴望。我想有更多的交流、沟通、互动，而不是每天把自己关在小屋里写作、工作。

我发现其实是我把自己封闭太久了，忘记了人的味道。我需要阳光、需要空气、需要爱。我知道这些都大量地存在，是我一直没有要。

我还是会坚持发出自己的声音，同时也想调整方式，用一种能尊重人的、让人感觉舒服的方式去表达自己。

想到这些的时候，我觉得心安，特别为自己感动。

我知道这将是我一次新的蜕变。

接着我又想，假如客户、读者、学员、老师、朋友从来都不否定我，这样好吗？

假如所有人都在认可我，我会觉得害怕，像是踩在云朵里一样，绵绵地触不到地面；我会恐惧，我会担心自己走错了、走偏了，我会不知道方向，不知道路在哪里；我会骄傲，会越来越飘，会觉得自己真的很厉害，会看不到现实。

我不想那样。所以，幸好有他们否定我，让我在没有飘得很高的时候戳破我，让我掉到地上来。这让我觉得难过，但更踏实。

一定的否定和打击，对每个人来说都是非常需要的。被否定、被骂、被打击，很多时候都是好事情。当我正视它们的时候，它们就变得有意义了。

他们的否定反映出我一直存在的问题，我一直以来的担心，只是我不敢主动承认。我不敢意识到自己没有勇气，我不能在别人指出来之前先改掉，甚至不敢先发现。

后来，对于别人的否定，我内心并不认同的时候，我往往会一笑而过。当我有情绪、生气或者难过的时候，我就知道自己的一部分被激活了，我需要认真听一下。

如果我不听，我反抗、生气、指责、抱怨，我知道下次还会有否定，直到我开始面对真正的自己。所以我是感谢这些否定的，是它们在逼着我承认真相、面对自己、完善自己，树立起我成长路上重要的里程碑。

我跟朋友分享了我的心路历程，他们说我才是真正的强大。因为我敢于从情绪里跳出来反思自己，积极地寻找出路，而不是指责别人或消沉下去。在此，我也想分享一下过程。

当你被否定、被骂、被指责的时候，你可以问自己几个问题：

- 他们在说我出了什么问题？
- 这个问题真的存在吗？
- 他们指出这个问题对我的意义是什么？
- 我可以做些什么调整？
- 如果一直没有否定好吗？
- 我在哪里可以找到支持和帮助？

你要知道，虽然否定你的人也有自己的问题，但并不影响你做了什么导致他们如此对你。你不需要主动做他们的治疗师，但他们直接或间接表达出来的你的问题，你自己可以判断一下是否真的存在。

如果你真的觉得自己有这方面的问题，那就感谢他们替你说出你不愿意面对的部分。如果你不认同，觉得他们纯属扯淡或攻击，那“呵呵”就好了。

被否定多了，你会感觉绝望。这是正常情绪，你不需要去排斥。重要的是：

• 你可以从中看到希望，找到方法去调整自己，让自己变得更好。

• 你可以从中找到支持。你知道很多人在你脆弱的时候依然对你不离不弃，即使别人都背叛你，他们也能肯定你、认可你。

• 你可以看到其中的意义。每件事情都有它积极有意义的一面，把积极意义找出来，你就会发现生活充满了感恩。

我们想要的不是优秀，而是被看见

优秀，是很多人内在追求的一个梦。

优秀的意思，就是不平凡。

我们渴望优秀。所以，我们总在某些时候感觉自己不够好，能力、薪水、气质、相貌，通通都不满意，因为我们想要更好、更多。

看见身边的人比自己优秀，我们心里生出很多羡慕、嫉妒，我们不甘心别人比自己好，总想着要超越他们。

我们不求大富大贵，但求在小群体里闪闪发光。实际上这也是攀比。虽然“攀比”这个词不太好听，但是想比别人更优秀就是一种攀比。

我们总觉得，只要自己在未来实现某种优秀，就会幸福。可是，真的是这样吗？

我觉得努力追求优秀挺好的。然而你有没有想过，你不断追求的优秀的终点是什么？

超越 A 某的感觉是很好，那是一种快感。然而你会止步于此，小富即安，看着身边 B、C、D 们比你优秀吗？我想你不会，你会继而想比 B 某好，比 C 某好……直到成为小圈子的第一。

可是成为小圈子的第一，你会停手吗？你会发现你的圈子是在变化的，随着你的攀爬，比你更优秀的人会进入你的视野，成为你新的比较对象，而被你比下去的人会淡出你的视野。你的圈子在自动更新，而你还是新圈子里不够好的那一个。

这就像你超越了一辆汽车，发现前面还是有车。你努力着想比别人更好，你不断超越，然后不断有人出现。无论怎么往前走，你都不是第一个，除非你减速拐弯，不在这条路上了。

努力，是个没有终点的过程。优秀也没有终点，努力追求优秀，更是没有终点。

在一条没有终点的路上努力狂奔，就像夸父的一生，一直在追求太阳。他不知道的是，他在走，太阳也在走。他超越了山和大海，也穿过了人山人海，却始终到达不了太阳。

假设终点是存在的。那么，终点到哪里你才愿意不再去比较，安心于自己，不再嫉妒别人比自己好，不再想超越？

终点就是世界尽头。也就是说，直到你成为世界第一，成为王。像曾经的林丹，没人赢得了他。像曾经的比尔·盖茨，没人赚得过他。成为天下第一，这是你想要的终点吗？

这时候你的梦想，像极了武侠小说里那些追求天下第一的人——岳不群、任我行、左冷禅们。这是你想要的人生吗？

没人比你更优秀了，你是最优秀的那个，所有人都不及你。所有人都只能远远看着你、羡慕着你，无法企及你。这样的状态，你会活得开心吗？会幸福吗？这是你想要的结果吗？

假如林丹追求绝对优秀的话，他也会在某个夜晚自卑吧，因为他有一些方面也比不过李宗伟。

有些东西追求一生都没有得到，是一种痛苦；追求很久终于得到了，却发现那是片荒漠，更是一种痛苦。

无论你走到哪儿、怎么努力，比你优秀的人注定会出现在你身边，是一种痛苦；即使你最优秀，你依然不会如自己想象那般开心，更是一种痛苦。

如果你想要的不是天下第一，就需要学会和比你优秀的人友好相处，尊重、接纳并欣赏他们比你优秀。如果你只是能接受但不能欣赏，能远观但不能靠近，是因为你内心还有个想超越他们的梦，想成为天下第一的梦。

其实，无论你怎么努力，你都可能不会是最好的。无论你往前走到哪儿，你的外在环境会有所改善，而你的心境不会有太大的变化。你以为努力了未来就会幸福，实际上结果还是会一样，你并不会珍惜你努力得到的，你只会看到很多人都得到了而你却没有得到的。人的幸福感不是优秀决定的，而是他的环境决定的。

既然走到哪儿都一样，那么当下就是最好的。平凡才是唯一的答案。

无论你怎么努力，都注定了你的平凡。

世界上并不存在最高点，没有一个人可以在所有方面都比别人好。乔布斯的一生，赚了很多钱，有了很多第一，却也会在生病的时候感慨生命的无奈。不知彼时的他，是否会羡慕他人的健康？我们每个人也是如此，既有骄傲的部分，又有不如别人的部分。

接纳自己的平凡，就是一个人成熟的标志。年少时，很多人励志超越，追求不平凡，到最后会发现平凡是一个不可逾越的沟。你无须仰望星空，只要观看身边就会发现自己还是平凡，只能接纳。再到后来你会发现，平凡痛苦，不平凡了会更痛苦，自己却为追求不平凡做出了大量牺牲。

平凡贯穿始终。当下走到的位置，就是最好的。

平凡就是：我愿意和那些比我优秀的人友好相处，由衷地尊重、允许并欣赏他们的优秀。也就是说，我承认自己永远到达不了优秀的终点，然后发现此刻才是最好的，最应该被珍惜的。

这就是成熟。

但是，我们为什么还要在优秀这条不归路上狂奔不止呢？

因为我们害怕平凡，认为平凡即被吞没。

我们很多人追求优秀，其实想要的并不是优秀，是我们潜意识里总觉得，优秀了就会被看见。**我们想要的不是优秀，而是被看见。**

从小到大，聚光灯就只属于最优秀的那个人。我们记得谁是第一，容易遗忘谁是第二。大群体只能看见最优秀的那个人，而你不被看见。小群体里亦然。为了被看见，你只有不断追求优秀，这样才能活下来。这是人的本能。

然而长大后不一样了，你值得被看见。不是你优秀就会被看见，而是此刻你站在我面前，我愿意看见你。我知道你特别的地方，那个地方不需要多优秀，却很惊喜；我知道你的不可替代，我不想要最优秀的那个人，只想跟你待在一起。

你也会安慰我、鼓舞我、感动我，不需要用多么华丽的语言、精湛的技术，只因为是你。你在自然地做，我就觉得很好，很想靠近你、爱你。在我眼里，此刻你就是最棒的那一个。

借助于爱，我们成为更好的自己，而不是最优秀的自己。因为在爱里，你就是他人眼里最优秀的。

这让我想到了一个小故事。A 男看不惯 B 男在篮球场上恶劣的球风，上场花式虐了他一把。得意扬扬时，旁边一个可爱美丽的姑娘向他走过来，越过他，走到 B 男旁边说了一句：老公你真棒。

那么问题是不是成了：没有人爱 A 男，所以他好可怜？不是的，是他没有被爱的能力，才会显得可怜。被爱，是一种能力。

我并不反对努力优秀。理想的状态就是：你可以努力优秀，但不必太强迫自己努力优秀。

你要知道，幸福是追求的过程，而非优秀的结果。获得了成绩很幸福，超越了别人很幸福，但也永远在路上，没有终点。前面的人和后面的人永远一样多，无限多。

累了你可以休息，让别人超越你。休息好了你可以再努力，超越别人。就像在一条没有终点的高速路上，跑得快点或慢点意义不会有太大区别，重要的是，你是否享受在路上。

你可以羡慕并想成为别人，但不必因为不如别人而感觉糟糕，因为这是一条没有终点的路。

你不必感叹谁比自己好，自己不如谁。你不必伤感自己现在如何，又渴望如何。幸福是每次优秀的过程，而不是要达到的某个点。

如果你需要优秀的感觉，可以去发现自己的优秀。也许你不是最好的，但你已经很好了。

当你发现你很好，也就发现了你正在被爱着。

高冷，是为了隐藏内心的脆弱

记得我还是个“土鳖”的时候，最让我迷恋和难过的就是女神的高冷和高冷的女神。

“高”，高得让人觉得遥不可及。

“冷”，冷得让人感觉无法接近。

那时候我觉得，要征服女神的高冷，恐怕不是一般人所能，那得需要多优秀和多强大。后来，随着从事心理学，越来越多的高冷的女神开始找我，我才发现好多女生是莫名其妙被人觉得气质高冷，她们自己也百思不得其解。

我更是发现，高冷并不是女神的专利。很多男生也会被人觉得高冷。

那么，高冷到底是怎么形成的？又该如何与高冷的男神女神相处？

首先，不存在单纯的高冷气质。高冷是一种两个人碰撞在一起的结果。同一个人，给不同的人留下的印象会不一样。有的人觉得他亲切，有的人觉得他高冷。有的人有倾向性，大多数人觉得他高冷。但不存在让所有人都觉得高冷的人。

接着，我们分别说说“高”和“冷”。

先说“高”。

“高”，其实就是给人感觉高不可及，很有修养、有内涵、有学问、有智慧、有料、出身高贵、气质不凡等。跟他在一起，会让自己的“屌丝”气质一览无余。仿佛在他面前自己就是一个“土鳖”。

你感觉一个人很“高”，主要有两个原因。

外因是对方真的有“高”的一面。你之所以感觉他很“高”，是因为你看到了他优秀的一面，或是长得好看，或是着装典雅，或是谈吐得体，或是具有优秀的成就和才能。

如果你在这些方面也很好，就不会感觉到他“高”，只会觉得遇到了正常人。如果你自己在这些方面不自信，就会觉得他特别“高”了。

内因是你自卑。你无意识地把他想象得非常“高”，很多地方都很好，你甚至意识不到这是你的想象，你觉得他就是很厉害。

“高”是一种被投射的结果，是我们内心深处深深感觉到自己的自卑，然后借助于理想化的中性存在完成了自己的自卑。

也就是说，我们通过想象，把一个不了解的人想象得非常“高大上”，然后衬托出了自己的自卑和“土鳖”气质。

这就好像一个人偷了东西做了贼，就感觉身边不认识的人都像是警察一样。实际上，是因为他内心是自卑的。

比如，你看到一个外表稍微帅气的人，就通过这一点，把他其他方面都想象得很好。这就是晕轮效应。而这个人可能并没有你想得那么好，他也会抠鼻屎，也会很苦恼、很忧愁，也会有很多不喜欢自己的地方，也会很不自信，甚至很自卑，只不过你不知道而已。

于是，你跟他相处时会局促不安，不敢乱开玩笑，不敢乱说话，放不开。你生怕自己的表现让他看不上，被他笑话。你嘚瑟的资本全没了，因为他“高”嘛。

对于那些明显很差的人、长得难看的人，或笨手笨脚、粗里粗气的人，你就不会有这种感觉。晕轮效应启动失败。你一看他们就知道跟你是同类人，甚至不如你。这就像是一个做了贼的人，看见老弱病残就很自然地判断对方肯定不是警察，自然就不会心虚，甚至看不起他了。

很多时候，是你太想“高”了，又“高”不过人家，心虚了，才觉得人家特别“高”。

再说“冷”。

“冷”，是距离产生的。

我们觉得一个人很“冷”，就是觉得他不可靠近，总是有距离感。我们潜意识里对此的理解是，人家见多识广，追求者甚多，实在不会对我们这种小人物过多用心，不会跟我们热络。

实际上，很多厉害的人是很谦虚和热情的，他们可能没时间跟你深交，但不会见面的时候冷若冰霜。

“冷”，也是两个原因造成的。

外因是对方真的很“冷”。

在给很多高冷的女神和男神做过心理咨询后，我深深地看到了另外一面：他们无法打开自己，所以总跟别人有距离。

因为他们从小就被忽视、被冷落、被指责，没人疼没人爱，所以他们学会了自己玩，学会了靠自己，学会了德行出众、见多识广。他们不太能够跟人敞开、疯闹、交心。他们无法跟人热，也没有被人热过，就只能“冷”了。

没有被“热”过的人，就不会去“热”别人。他们没见过爱，就难以相信爱。如果你在他们面前，还把自己搞得那么卑微，他们就更感觉不到爱了。他们甚至在内心深深地怀疑自己：是不是自己不够好，所以没有人喜欢自己；一定是因为自己不够好，才这么孤独。

他们说自己是慢热，其实是没怎么被“热”过，所以“热”得比较慢。

然而他们依然渴望爱，只是不知道该怎么说该怎么做，没有索取的经验。他们喜欢干巴巴地望着别人，期待着别人主动来宠自己。如果别人不主动，他们自己也不敢轻易敞开，就显得格外“冷”。

内因是你是个敏感脆弱的人，格外容易体验到他的“冷”。

你也很被动，内心也很渴望被爱、被关注、被热烈地回应。你好不容易强迫自己热情一点，便期待他可以给你同等热情的回应。可是，他给你的回应一点都不热烈，也不配合你，甚至拒绝你。这时候你就吃了闭门羹。

你热烈的心被泼冷水了。一个内心充满爱的人，对此不会有太多反应。然而如果你期待他像妈妈一样给你热切回应他却没有的时候，你的心就迅速凉了，你就觉得他“冷”了。实际上，他只不过是没有给你妈妈般热烈的回应和宠爱而已。因此，你才是真正的“冷”。

你强迫自己“热”，别人不配合你，你就怪别人“冷”了。别人心里“冷”，外在也“冷”，“冷”得真实。你心里“冷”，为了靠近别人强迫自己“热”，这比他更“冷”。假热比真冷更“冷”。

高冷的女神容易被吊儿郎当的人征服。因为吊儿郎当的人不在乎自己比对方弱，反正差劲习惯了，已不会自卑。他特别有耐心，主动勾搭是长项，被拒绝冷落成为习惯，对此具有强大的承受能力。

高冷的人，就算外在美丽、有才华，内心深处却无法认同自己。他们有着很多胆怯。他们等待着有人来温暖自己，却往往一直等不到，于是渐渐绝望。

真正高冷的人是“热”的，假高冷的人才是“冷”的。

高冷的人，不是有了太多追求的人而不屑于跟你来往，而是无法打开自己，与别人建立真诚的关系。恰恰是你，你无法承认自己高冷，才觉得别人高冷。你自卑的心，无法与别人平等对话。你脆弱的心，经受不起一点冷。

当有人觉得你高冷的时候，他其实是在说：我觉得你很优秀，我很羡慕你；我很想靠近你，但我担心被拒绝。

那么，你要怎么办呢？

如果你也想靠近他，就告诉他：其实你并不是很好，你也有很多害怕、自卑，你也很想靠近他，只是不知道该怎么做。

高冷，是对内心脆弱的一种防御，只是为了隐藏自己的脆弱。如果看到一个“宝宝”不开心，不想搭理你，你该怎么办呢？对他耐心点、主动点。每个高冷的人，其实都是个“宝宝”。

你不需要融入群体，让群体融入你就好了

融入不了群体怎么办？你性格内向，不善交际，不善言辞，没有共同话题，又很想融入群体。我对这个问题的回答是：你不需要融入群体，让群体融入你就好了。

记得我还在心理机构做销售的时候，需要参加心理学之类的沙龙活动寻找客户，然而我没有能力主动留下别人的手机号。

有一次我在活动现场互动环节，发表了我对这个主题不一样的看法。语气尽量威严，内容尽量高级，很多人就记住了这个特别的小伙叫丛非从。结束后，有人过来跟我说："我觉得你讲得很好，很专业啊。能留个电话号码吗？"我说："好啊，好啊。"

那时候我的专业能力还不强，只是在参加活动前，对这个主题搜集了些资料，掌握了几个新颖的知识点。

后来，随着我在心理学方面的精进，已经不需要刻意准备。因为很多心理现象，我都有自己的看法，知道怎么回事和怎么处理。每当我想融入群体的时候，我都会在自我介绍的时候说：我是一个心理咨询师。

“心理咨询师”这五个字，足够引起别人的兴趣。接下来的对话都很熟悉了：

那我能问你个问题吗？

好啊，好啊。

……

谈到我的专业领域，那就没什么好拘谨的了。我可以懂得不全面，只要懂我的专业就可以了。如果我的专业可以帮助别人，那么别人就会主动融入我。

现在我成了一个心理学讲师，很多人从全国各地来参加我的课程，形成一个群体，融入我。不少人想请我吃饭聊天，而我却渐渐开始回避群体，喜欢独处。

融入群体的需求得到满足后，我们其实就不再想融入了，就会再追求别的。

想要融入一个群体的想法很正常，每个人都有这样的愿望。除非他内在非常丰盛，能够与自我相处很好，或已经有大量的群体，他才会渴望回避群体，求得一方宁静。多数时候我们都没那么强大，所以想融入一个群体获得归属感。

我们先不去讨论为什么想融入群体，以及是否有必要融入群体。我想告诉你的是，融入群体的方法有很多。就像靠近一座大山，除了走过去，你还可以动用你的资源让山过来——这并不是一个不可完成的任务，只要你敢于打开自己的思维。

你只需要在开始的时候想个办法，把话题导向你熟悉的领域，就开始了第一步。第二步是，这个话题会跟对面的他有怎样的关联，你能帮助他，他就开始融入你。

如果你想要的是妈妈般的关注，你什么都不做，静静待在那儿，并不会有人主动过来问你：你怎么了？你还好吗？

关系是一场平等的对话，你为别人付出你擅长的，别人就会为你付出他的关注。

我见过很多人为了追求“谈资”，广泛涉猎不同的领域，时髦地追求各种新闻，生怕别人谈论的自己不知道，整个人看起来像百事通。这种方法辛苦又累，能产生的附加价值也不多。

你有一个话题，我要加入你，加入你我就必须先努力熟悉你的领域。你是主体，我要去附和。然而我知道的还不是很多，所以就会拘谨。这背后的潜意识就是：我不值得别人主动看见我，我必须做出很多努力来祈求别人看见我。

你可以让精力专一并深入消耗在某一个领域。你在某一个领域里的建树越大，想融入你的人就会越多。这也是一种方法。

我有一个话题，别人可以加入我。我对某一个领域相对知道得较多，在我熟悉的领域里就不会拘谨，就会有很多话说。

这是一种我相信自己值得被别人关注的自信。坚信我是主体，别人可以加入我，这是一种真正的自信。

这两种方法只有一个区别：你敢成为中心吗？

与其把焦虑投放到自我否定中，责怪自己为什么不能外向点、博学点，为什么不能融入群体中，不如踏踏实实静下心来做点自己真正想做的事。

文艺点的表达就是：你若盛开，清风自来。

比发泄愤怒更伤人的是忍住愤怒

面对愤怒，很多人惯用的应对方式是忍住愤怒。他们认为，愤怒会伤害关系，为了不伤害关系，要控制自己的愤怒。所谓控制，实际上就是忍住。然而这句话只说对了一半。

对于比较疏远的关系，比如说陌生人、普通朋友、同事、客户等，你对他们愤怒的时候，如果你还想要关系，就需要忍字当头，通过意志力来克制自己的愤怒。因为你们的关系太脆弱了，一伤害就会断，你很难有其他机会来补偿。

可是对关系比较亲近的人感到愤怒的时候，比如伴侣、孩子、挚友，却完全不同。意志力是不能长期使用的，一次两次你能控制住，三次四次你就控制不住了，并且会大量地爆发给对方，然后自责内疚。

愤怒跟意志力的关系是这样的：

- 愤怒量小于意志力的时候，人可以通过意志力来调节完成。
- 愤怒量大于意志力的时候，人会失控让愤怒发泄出来。

愤怒会累积，憋住一次，愤怒并没有得到处理，而是暂时储存在那里。等愤怒累积到意志力的临界值时，就会爆发。之后愤怒储存量下降，理性就会回来，因而自责、内疚。

总之，对陌生人、客户等脆弱的关系，我们可以通过理性调控来忍住愤怒；但对于亲密、长期的关系，我们就需要找到忍住愤怒之外的方法来处理愤怒。

“鸡汤文”作者喜欢说，不要对孩子发火，不要把脾气留给伴侣。可是你回忆一下，你每次对亲近的人憋住情绪不发火的时候，有没有这样一个念头：我的愤怒会伤害你，这是不对的，所以我不能愤怒。我爱你，我要对你好，所以我现在要忍住愤怒。

这是爱的动机，很好，但是这个动机背后有更深层的语言：

- 我忍住对你的愤怒，就是在对你好。
- 我都对你好了，你就要识趣点。
- 如果我对你付出了你还不领情，不照顾我、不感激我、不回应我，我就更生气。

忍住愤怒这个动作一旦被潜意识识别为付出，你就会增加对对方的期待。如果对方的行为并没有因为你的付出而做出任何相应的调整，你的付出便没有得到任何回应。没有什么比付出了没有回应、不被看到更让人愤怒的。所以**忍住愤怒，常常会让人更愤怒。**

这时候愤怒的性质，从“你做了某事让我生气”到“你都不回应我的付出这让我生气”，形成了更大的伤害。

我忍住愤怒对你减少了 3 分伤害，但是接下来我对你新一轮的埋怨将给你 10 分伤害，综合结果就是给了你 7 分伤害。可见，忍住愤怒，只是为了更愤怒做准备。

在我的课程中，有个妈妈讲到她的一个念头，说她对孩子发火的时候为了孩子就忍着，但是她很挫败为什么经常忍不住会发更大的火。

这很好理解。每当孩子调皮捣蛋、搞得一地鸡毛，她都很生气。她最初忍住不发火。她在想这是为孩子好。然而她这么为孩子好，这么照顾他，不舍得伤害他，孩子却还在渲染战场，有增无减，毫无收手的意思，这时候你就可以想象得到她的心情了。

忍住愤怒，也是一种自恋。这种自恋背后的声音就是：

• 我不能伤害关系，我绝对不能伤害关系，我一点都不能伤害关系。

• 愤怒是不好的，是不对的。凡是不好的事情，我都不能做，一点都不能做。

• 如果我伤害了关系，如果我做了不好的事情，我就是不好的，我就骂死自己。

然而我们活在这个世界上，很难豁达到与世无争，只要有关系，就会有愤怒。我们不允许自己有愤怒，就会使用忍住愤怒的方式来处理。

如果关系持续，一个人怎么可能不伤害关系呢？伤害关系是必然的，因为愤怒是必然的。即使你忍住愤怒，也会伤害关系，忍住愤怒甚至比愤怒本身更伤害关系。

表面上，最理想的状态似乎是实现自恋：不要有愤怒，好好说话。可是愤怒是不可避免的。你在面对愤怒的时候，是没有能力好好说话的。如果你要求自己或他人在愤怒的时候还能心平气和，好好说话，无疑是非常苛刻的。我们做不到好好说话，又不想伤害别人，只能忍住愤怒。

而忍住愤怒的外在表现是离开、扭头就走、不说话，或者说很别扭的话。这时候对方的感受是被忽视、被冷漠对待、被不搭理。忍着愤怒的人，是没有能力再与对方连接的，那一刻他跟对方是没有关系的。

愤怒是一种坏的连接，而忍住愤怒则是没有连接。没有连接比坏的连接更伤害人。

对亲密的人有愤怒的时候，比起压抑忍住，最好是表达出来。这么说不是鼓励大家回家大胆发火，而是鼓励大家不要为了爱一个人而压抑自己的愤怒。

当然，我们还可以找出比压抑和表达愤怒更好的方法。

对亲密的人有愤怒，忍住了，是“我在对你付出”。这种付出感增加了你对他人的期待，他人没有回应你的付出你会更生气。然而对关系疏远的人有愤怒就不一样了。比如说对老板的愤怒，你忍住的时候不会想，“老板，这是我对你好，我在对你付出，我不想伤害你”。你忍住愤怒是为了保护自己，不想滚蛋。这时候你就不会增加对老板的期待，老板不领你忍住脾气的情也很正常。

从这里我们可以得出，**比表达愤怒更好的办法是改变愤怒的动机。**我忍住愤怒，并不是在对你付出。我不是为了不伤害你而忍住愤怒。

那么，我们就要寻找一个新的动机来忍住愤怒，我能想到的最好的动机是——自我成长。

一个人会愤怒，除了因为别人愤怒外，更是因为自己有情结。

你做了些事情让我很愤怒，是因为我身上有钩子被你钩住了。你激活了我的某些创伤，我才很愤怒。这是我这边出了问题，跟你没有关系。我很需要你而你没有满足我，我很愤怒，我对你有超出了你能力范围的需要，这是我的问题，是我需要负责的部分。

愤怒的时候，人会把责任 100% 归结为他人。如果你愿意拿回属于你的那至少 50% 的责任，就会发现愤怒像个开始漏气的气球，一点点在消退。愤怒除了跟对方有关系外，更是因为自己的软肋被戳着了。当你认识到这点的时候，就会进入自我疗愈里，不会对别人生气了。

世间所有的愤怒，都是自己的问题。

这句话听起来好像挺欠揍的。别人也有病，但别人有病并不影响你也有病。当别人伤害你的时候，你可以在行为上坚决地拒绝，这是保护自己。如果你的情绪被唤起了，是因为你的创伤被激活了。

当然，人不可能完全疗愈创伤，必然会有愤怒，这是正常现象。只不过如果你的愤怒过度的话，就需要注意了。

反思自己，总比指责别人来得更有建设意义。

你亲密的人，他们不是你的敌人。如果能够，你可以敞开自己，去跟他们谈论你的愤怒，去袒露和探索自己的创伤，去邀请他们一起来陪伴你探索，而不是把他们当成敌人去攻击。

当你开始分享你的愤怒，谈论你的内心，敞开你的创伤，对方会跟你更亲密。当然，前提是你得相信对方是愿意跟你亲密的。

你可以从道歉开始。道歉会让你敞开自己，面对内心真实的自己，真正的沟通从这时候开始。道歉，是一种比发泄更优雅的表达愤怒的方式。

你生气的时候，可以感受一下下面两种方式的不同：

- 执着在“都是你的错，你让我很愤怒”；
- 对不起，此刻我的心受伤了，我的心出了一点问题。

道歉，是对表达愤怒的升华。

付出不是你做了什么，而是对方从你这里获得了什么

你的存在本身，就是一种付出，就是一种价值，就值得被别人爱。

“鸡汤文”作者们对于这句话有很大的误解。他们认为即使你什么也不做，也会被别人爱着。这往往难有说服性，因为根据常识就可以知道：你什么都不做，别人凭什么爱你啊。

在人际关系中，很多人为了获得别人的爱，经常会在两个维度上做大量的努力。

第一，无意识地讨好别人，照顾别人。

每当他们跟别人交往的时候，总是会无意识地以照顾别人的感受为先，照顾自己的感受为后，做大量的付出。他们小心翼翼地照顾着别人，生怕自己做得不妥伤害别人。他们不敢麻烦别人，不敢索取。他们不敢欠别人的，别人对他们好，他们会及时或加倍地还。他们的逻辑是：我必须要对你付出且不伤害你，你才会喜欢我。

第二，拼命地追求优秀，表现自己。

他们想要把事情做好，甚至做得完美。他们不能接纳自己犯错，觉得事情做好了才能证明自己很棒。他们在别人面前会努力地维护自

己的好形象，表现出乐观没有烦恼，有礼貌有修养的样子。他们的逻辑是：我只有优秀，别人才会喜欢我。

刻意去获得别人爱的人，人际关系对他们来说并非享受。每当跟别人交往，他们都不能自由地做自己，总是无意识地想先照顾好别人或刻意表现好自己，觉得很有压力、拘谨、很不放松。

通过刻意付出和刻意表现才能换来别人的爱，这叫刻意价值。也就是说，一个人要刻意去做点什么，才能觉得自己被爱。

一个人除了刻意付出、对别人好的价值外，还有存在价值。你的存在就是一种付出，就是一种价值。

存在付出，不是说你什么都不做就是一种付出，而是说你在自然状态下做自己想做的，可能对别人就已经构成了付出。你存在于一个人面前，虽然你没有刻意做什么，但是你的自然属性往往自带付出。

比如说，看到一个人的难过，你会自然地尽自己所能安慰他；看到一个人的困难，你会力所能及地帮助他；一个人约你出去玩，恰好你也想出去玩，你自然会陪他出去；你跟一个人聊天时自然地说出你的故事和你的看法，会对他有一些帮助和启发；你无意间的一句话，会对别人非常受用，让别人很开心。

付出不是你做了什么，而是对方从你这里获得了什么。你没刻意做什么，只是自然地跟一个人互动和交往，但他从你这儿得到了很多安慰、陪伴、温暖和帮助，你对他就已经形成付出。

虽然你在自然状态下也会对他人有所需要、有所麻烦、有所索取，但是你的付出足以平衡你的索取。

比如我的合租室友，虽然我很邋遢，有时候会把公共区域搞得很乱，使得他不得不搞卫生，但是我相信他也能从我身上得到一些需求。我们在彼此擅长的领域里相互付出着，没有对彼此的生活造成太大的透支和困扰。他知道我是这样的人，没有因此嫌弃或离开，我们的关系也越来越好。

两个人一起在自然的状态下相互付出和相互索取，他们的关系就是相互滋养的。然而，有的人看不起自己的自然付出。他没有刻意做点什么就没有付出的感觉。同时他又会放大别人的付出，认为别人对他好一分，他需要加倍或翻倍回报才能抵消。于是他会刻意让自己多做，去平衡别人的付出。

这就形成了一个非常有趣的现象：讨好。把自己搞得特别累，特别有压力。

讨好，是一种对自己的看不起，是不相信自己的存在付出值得别人对他好。其实，并不是你为别人做得多，别人才会喜欢你，而是你微微付出，别人就会喜欢你。你付出多了反而对关系有负影响。你对别人那么好，还不愿意麻烦别人、接受别人的好，就会给别人很大的压力，别人也就不敢靠近你。你的认知却停留在：因为我没有照顾好别人，别人才不喜欢我。这是一种恶性循环。

虽然并不是所有人都认可你的存在付出，总有人对你需求过度，但是那些愿意留在你身边的人，是能接收到你大量的存在付出的。

你的优秀本身，也是一种价值。

你不需要刻意表现，你自然的优秀，已经足够让人喜欢你了。比如说，你善良，有人愿意约你吃饭不需要你回请，因为你的善良对他来说已经是一种付出，你的陪伴对他来说也是一种付出。

你的品质、修养、能力等，会让人觉得你这个人挺不错的，愿意跟你来往。虽然你有时候嫌弃自己这儿不好那儿不好，你也有很多不够完美甚至很差的地方，但对于你身边的人来说，你不需要所有地方都好才会被喜欢。

差的部分，也是你在自然状态下表现出来的真实自己。大部分人不讨厌你，小部分人还愿意主动靠近你，这就是你的存在价值。

然而，当你不相信自己自带优秀的时候，就会通过刻意努力表现自己，事事都要做好，去获得别人的爱。结果每次与人交往，都会行为拘谨、谨小慎微、非常压抑。

其实，不是你非常优秀，别人才会喜欢你；而是你微微优秀，别人就会喜欢你。可是你不知道，你在别人眼里本来就很优秀，你再刻意努力表现得更优秀，就让人敬而远之，不想靠近你了。你的认知却是：我不够优秀，所以别人不喜欢我。恶性循环。

你是有价值的，所以会被别人爱。对于别人的爱，用公式来表达就是：

被别人爱 = 存在价值 + 刻意价值

存在价值是一个人的本质。如果一个人相信自己的存在是有价值的，相信自己的本质是值得被爱的，他跟别人在一起的时候就会自然、放松，因为他知道自己即使表现不好、即使不刻意付出也是被爱的，他就不会刻意展示自己的价值。

如果一个人不相信自己的本质是被爱的，不相信自己的存在是一种价值，他就会做很多补偿的事情来获得别人的爱。他需要通过刻意讨好、尽量不麻烦别人，刻意表现自己好的一面，掩饰自己不好的一面，努力做好避免做错，以获得别人的爱。

一个人开始刻意做些什么避免些什么的时候，他跟人的交往就变得不轻松了。刻意得越多，越不轻松。

刻意价值就是一种补偿。

一个成熟的人，能看到自己的存在价值。他相信在自然状态下做最真实的自己时所付出的和所表现的，都值得被别人爱。虽然有很多索取和缺点，依然值得被爱。

然而，值得被别人爱并不是值得被所有人爱，这点你要分清楚。那些总是对你不满足，以及看不起你的价值的人，即使你再努力刻意补偿，他们也不会因为你做了什么而爱你。那些能看到你的价值和付出的人，即使你不努力刻意补偿，他们也会因为你的存在价值而愿意留在你身边继续爱你。

无论你有没有刻意补偿行为，总有人喜欢你，也总有人不喜欢你。你不会被所有人爱，但是你要相信自己值得被人爱。

虽然你补偿一点，别人对你的喜欢可能会多一点，但那是暂时的，你总会觉得累而想逃避关系，最终觉得还是自己待着最舒服。

还有，本文不适合自恋者，他们过于看得起自己的价值，过于相信自己值得被爱而理所当然地想让别人付出。本文只适合看不到自己价值、不相信自己值得被爱的人。

不自信，是不敢自信

以前我总是不自信，因为自己要啥没啥。没钱、没能力、没人脉、没好性格、没好口才……虽然不是很自卑，但就是不自信。

现在我有了钱，买了宝马车，还在北京买了房。我小有名气，很多人喜欢靠近我这个人。我是个讲师，以磨嘴皮子为生。

可是，我还是不自信。

我买的是小户型，几近于蜗居，小区里为数不多的小户型。每次回家我总感觉自己是小区的“低保户”。我开车上路的时候，第一次发现那么多的保时捷、路虎、好宝马，第一次觉得买辆低配的宝马简直就是打肿脸充胖子，羞愧难当。看着同行们对心理分析得鞭辟入里，演说家们口若悬河，我感觉自己是个“土鳖”。我总觉得自己什么都做得不好。

不要说我矫情或嘚瑟，这是我真实的感受。

更糟糕的是，一堆早已娶妻生子的老同学常在我面前“撒狗粮”，“嘲笑”着我这个大龄剩男，让我不断怀疑人生。

这让我经常在某个夜晚被糟糕感偷袭，觉得自己很差劲。又在某个夜晚，我开始思考，为什么我在很多人眼里已经是个成功人士，却还是觉得不自信？

以前我觉得：你拥有好的，你就会自信。但又好像不是这样。

我在北京，经常觉得自己啥都不是，但过年回到老家，在一些人面前我感觉自己都快横着走了。我的条件没变，我的自信感和骄傲感却有了天差地别的变化。北京各大部委格子间里的小李、小张、小王过年陆续回到老家，名字变成了李处、张处、王处……拥有没变，但他们的价值感瞬间也发生了很大的变化。

有人说美国的宝马便宜，然而人人都开宝马的时候，这个便宜就失去至少一半的价值。不少地方不少人之所以觉得开宝马显格调，不是因为车好，而是因为——贵，身边买不起的比买得起的多。

自信，和拥有多少并不是必然关系。自信除了是你自己决定的，还是你的邻居决定的。所以，不是你拥有很多东西就会自信，而是当你站在一个人面前时，你发现自己拥有的东西他刚好没有，你就会自信。

然而有两件事情，让你无论拥有多少，都会让自己沉浸在不自信里。因为你**表面上要的是自信，潜意识里要的其实是自卑，是“我不够好”的感觉。**

第一件事是只往上比。

超越了一个，就忘记了这个，盯着那个更高的。结果就是，在你的视线范围内，你看到的都是比你跑得快的人，你永远都是最后一个。

这感觉很像在高速上飙车。我总想超越一辆又一辆车，超越的那一刹那很爽，然而我的视线里只有前面的很多车和后面的一两辆车。

在我的视野里，我是末位的。不同的是，这是客观世界，我的大脑能加工出来“我跑得其实是很快的”，末位只是我眼睛感官到的部分。但心理的世界就加工不出来了，在心理的视野里，我会相信自己的感知，“我就是最后那一两个”。

这种“我不如别人”的感觉，我们实在是太熟悉了。

随着能力和条件上升，你的朋友圈和参考对象也在悄无声息地发生变化，你超越了那些你曾经羡慕的人，却盯上了那些你依然够不着的人。

人们往往会自动化忽视那些不如自己的人，结果就是无论拥有多少，都只能活在不自信里。人们真正想要的不是拥有多少，而是要反复体验“我不够好”的感觉。

第二件事是看不到别人光鲜亮丽的背后有很多不好。

好多年前，我喜欢过一个姑娘。我不敢去追求，因为她温文尔雅、温柔娴静、知书达理，有教养、有修养、有品位。我总觉得这种姑娘实在把我这种乡下人的土包子气衬托得一览无余。那时候我刚大学毕业，是最自卑的时候。我觉得她属于那种有修养、有品位的“富二代”“学二代”之类的。

然而有一天她跟我说，跟我聊天很舒服，因为我很深刻，我能懂她。懂她比对她好、有钱重要，也难得多了。我这才发现：原来有修养、有品位的“高富帅”们也有不如我的地方，原来女神也有这么多苦恼。

多年后，我认识了一个很高雅的朋友。他的标配比我高很多，生活细致且精致，一身的品牌我也不认识。跟他在一起的时候，我觉得这人好厉害，品位好高。关系熟了，他开始吐露对我的羡慕：你年轻有为，思想深刻。

我开始体验到：原来外在品位高的人，思想不一定深刻，格局不一定大气；外在条件优越的人，幸福感不一定高。

潜意识里有一个逻辑就是，我们看别人的时候总觉得，他这个人这儿很好，那他其他方面一定也很好吧。这是典型的晕轮效应。

悲哀的是，我们发现别人都有自己的长处，潜意识里惯用的语言就是：虽然他A差，但是他B好啊……我们总觉得：他们哪儿都很好，比我幸福；虽然他们有一点不如我，但是他们很多地方都比我好啊。

我的好多来访者都是这样。在我看来，他们在羡慕那些不如他们的人。比如一个大学生羡慕别人事业小成，却看不到这些人都羡慕他终于“奔二”了。

很多逻辑在自己这儿，又是反的。对自己的逻辑是：虽然我B好，但是我A差啊……也就是，我这个人这儿不好，其他地方也都不怎么样。

人们会因为自己的一个不好，感觉自己哪都不好，却很难因为自己的一个好而感觉自己哪都好。我把这叫作多米诺效应，一个不好能激活自己所有的不好，然而一个好却激活不了其他好。这时候人就只能活在自己不够好的感觉里。

“鸡汤文”里说，你要看到自己拥有的，你要自我认可。

我知道我很好，可是我很好，并不能带给我自信；我是很好，可是别人也很好；我知道我很优秀，可是大家都很优秀。

“鸡汤文”里还说，不要跟别人比，要跟自己比。

然而我做不到。当我出现在别人面前，我总感觉自己像个演员，无意识地想表现自己，好像是我花尽了半生活出的成果，在等待着评委们来验收、打分，给我一个 A+。

“鸡汤文”只说对了一半，人除了要努力拥有更多、看到自己拥有的，还要看到他人其实并没有的。**我们不自信，不仅是我们看不到自己拥有什么，更是我们把他人幻想得过于好，然后显得自己不好。**

我们把自己当成演员，把他人当成评委，随时在给我们打分，检验自己好不好，却意识不到，他人亦然。他人也跟我们一样，在当着演员，把我们当成评委，等着我们来打分，羡慕着我们的好。他人也觉得自己好的地方不算啥，对不如我们的地方简直惭愧极了。

跟他人比较的潜意识实际上就是：我希望自己是完美的。可是没有人是完美的。

我们不自信，很多时候是不敢自信。

理智在说，自信是可耻的，骄傲使人落后。潜意识里的话语却是：那个不够好的你才是熟悉的啊，你从小就这么被比较，无论你多优秀，你都能够成功被比较成为不好的那个。这种感觉陪伴了你几十年，你怎么舍得随便丢掉？

你小时候那么好，为啥不自信？因为有了班里的、邻里的、亲戚的优秀的孩子们，经过家长的视角过滤后，你就成了不好的那个。

因为父母不让你有自信的感觉。想象一下，如果妈妈觉得你这儿也不好，那儿也不好，比这个也差，比那个也差，这时候如果你觉得自己哪都很好，觉得自己比别人好，妈妈会怎么对待你？

如果你敢在她面前感觉很好，她就会看不下去，打击你，直到你感觉自己不好。

因此你感觉自己不够好的时候，才会踏实、熟悉、有存在感；你感觉自己很好，潜意识里就会觉得自己不配，太危险，有人要开始打击你了。

所以小时候的求生存就是：在妈妈打击我之前，我觉得我不够好，这样就不会那么怕被打击了。长大后的求生存就是：在别人打击我之前，我觉得我不够好，这样我就能承受别人的否定了。

而要实现“我不够好”的感觉太容易了：只往上比，看到比自己更好的人；只看到并放大他人好的一面，忽视或缩小他人不好的一面。

不要怕自己会骄傲。

不要觉得这是自欺欺人。

自信满满的感觉，让人学会谦卑，平易近人，不卑不亢；让人对未来充满希望，更愿意奋斗；还活得很幸福。

我是这么实现的：

• 每当看到比我有钱的人，我就想：我年轻啊。

• 每当看到比我有钱又比我年轻的人，我就想：我懂心理学啊。

• 每当看到比我年轻、比我有钱、比我还懂心理学的人，我就想：你活成这样一定有什么想不开的吧。哈哈。

每当这时候，我就对自己无比热爱，对未来充满了希望。

在那些比我差却不自卑的人面前，我就使劲嘚瑟，我依赖他们让我感觉自己很棒；在那些比我差还自卑的人面前，我就有能量真心鼓励他们：其实你也可以，因为你也很棒。

但我并不只盯着他们，我也看得到那些比我好的人。我能客观看待自己在这个世界上的位置，这就是不卑不亢。

最后我想说——那些看起来牛哄哄的人，他们有时候真的很自卑！虽然有时候他们也很自恋，但是这种自恋是在深度防御自卑。

我的自信是这么来的。不一定适合你，毕竟咱俩不一定是同一种人。

自信，就是我允许自己被否定

当你表达需求，总会有人拒绝你。当你做了一件事，总会有人否定你。没有人可以完全围着你、肯定你、接受你、满足你，因为你不是这个世界的中心。

因此我们都有一个基本常识：你表达需求别人拒绝你，和你本身好不好没有关系；你做了一件看起来很好的事，别人否定了你，这也和你本身好不好没有关系。

然而在我身边，似乎有很多人不接纳这个事实，他们经常向我发出这种困惑：

• 当我的朋友 / 恋人 / 领导……拒绝我的时候，我就很难受。

• 当我的朋友 / 恋人 / 领导……否定我做的事情后，我就觉得我很不好。

• 我常常很自卑，羡慕别人，觉得自己什么都做不好，什么都不如别人。

比如某某曾说，他很羡慕周围的人能搞好人际关系，让客户信任，有学识和情商，而他什么都没有，他很难过。有次他很小心地找同事借一样东西，同事拒绝了他，他很受伤，觉得自己不好，不被欢迎。比如某某，他不敢向喜欢的人表白，因为他害怕被拒绝；比如某某，他努力做了一个作品，结果被领导批评，被很多网友否定，他觉得很受打击。

对于这些人，我特别想说：**很多时候，别人的拒绝和否定，和你好不好没有关系。**

我很好奇，他们为什么害怕被拒绝和否定。

我发现他们有这样的观点和期待：

- 当我被拒绝和否定，就意味着我不够好。
- 如果我做了一件事，就期待被表扬。如果没有得到表扬反而得到了批评，就是因为我自己不好。
- 我期待别人从来不否定我，所有人都可以接受我。一旦我表达期待，我就要被满足，不然我会很受伤。如果我不能确保一定被满足，那我宁愿不表达期待。

这是什么逻辑？

你表达，别人就一定要满足你。别人否定了你，就是你不好。这是被伪装的、赤裸裸的控制和软性要求。实际上，**自卑、焦虑和害怕背后，都有着这样一种控制，期待别人可以无条件按照自己所需满足自己的控制。**

可是我们每一个人都是平等的，都是独一无二的生命。谁也不具有他人的经验，因此对他人事件的评判，都只代表他个人的角度。换句话说就是：你做了一件事，别人否定了你，可能不是你的问题，而是否定你的这个人的问题。或者是，两个人都有问题，而不只是你自己有问题。

我们遇到过太多喜欢盯着别人缺点而看不到别人优点的人，也见过太多嘴里只有批评而较少有表扬的人。他们对人、事、物的标准极高，一般的东西都入不了他们的眼。比如他们评价某部电影、某个作品，首先看到的是这部电影、这个作品哪里不足，迅速发现缺点并指出。

总有些人会这样，尖酸、刻薄、高标准。总有人嘴里很难说出表扬，总有人只喜欢表达否定，这并不一定是你不好。

当然，也有人天生不喜欢讨好。他们有自己的标准，他们的经验构成了他们的爱好。在他们的情境里，他们喜欢的或者方便的，就接受。他们不喜欢的或者不方便的，就拒绝。这和你好不好没有关系，也和他们喜不喜欢你没有关系，只是因为你不在他们的情境里，无法从他们的情境去理解他们的拒绝。而且你还会用一种“概括化”的机制成功地折磨自己：他在这件事上拒绝了我，我高度概括和上升到人格层次上——因为我不好。

其实，就算是极度亲密的恋人之间，都常常存在拒绝，难道一旦在某件事上被拒绝，就意味着自己不够爱了？就要分手或离婚？

如果被否定和拒绝的时候你感觉是自己不好，那么这其中一定发生了一个微妙的过程。

你放弃了自己的标准，认同了他们的标准。用他们的标准来看，你是不好的。因为他们的标准那么高，和你那么不一样，他们的眼光容易看到不好而不容易看到好。然后你认同了他们的标准，并且以此来折磨自己。

先说说我们为什么害怕被批评。他人一批评我们，我们就紧张，觉得自己不好，或者充满怨恨，很轻易地就认同别人说的。换句话说就是：我好不好，是你决定的，所以我要受着或是反抗。

我好不好，是你决定的？为什么会这样？

我们无法确认自己好的时候，就需要靠别人来决定了。我们无法看见自己的时候，只能借助别人这面镜子来看见。别人说我们不好，我们就真的认为自己不好，是因为我们无法通过自己确认自己的价值和存在，只能借助别人来确认。

也就是，我是没有自我的，我的决定权在你，不在我。我把自我交给了你。别人说我不好，我就是真的不好。

那么，一旦相信自己是个不好的、差劲的、无能的人，真是比死还难受。这样你会产生无助感、绝望感：我什么都不会，什么都做不好，什么都没用，那我为什么活着？

可是每个人的标准都不一样，你不停地切换自己的标准，尝试着认同他人的标准，就总能找到否定。

最好的解决方案是：区分，拿回自己的标准。

区分之一是别人的标准和你的标准。你才是自己好坏真正的决定者。你可以有自己的标准，来判断自己做得好还是不好，你可以给自己肯定和认同，不必用他人的标准来评判自己。

区分之二是事和人。别人对你的拒绝或否定，可能只是因为一件事。你不需要高度概括到人的好坏上来。他拒绝和否定你这件事并不影响他喜不喜欢你这个人。如果喜欢你，就要肯定你所有的事，接受你所有的事，那你也太霸权主义了。

前文提过，在关系中有一个很好玩的多米诺骨牌效应：别人说我一个不好，会激活我所有的不好，让我觉得自己所有地方都不好。反过来，别人说我一个好，却无法激活我所有的好。

人们之所以会这样，是因为人先否定了自己，才害怕别人否定；人先抛弃了自己，才会害怕被拒绝。

你这么害怕被拒绝，但你接受自己吗？

人们内心深处有个声音：我是不值得被肯定的，我是不值得被接受的。所以才害怕真的会发生，才会对现实产生这么激烈的反应。

当我去呈现他们的原生家庭的时候，吃惊地发现，他们被否定的童年里有很多创伤——

他们在长大的过程中，常常受到批评、指责、拒绝、否定。那么习以为常，当100件事持续受到负面评价的时候，很自然就上升到了“我这个人不好”的层次上。他们即使做好了，也会被“权威们”找到不好的地方，然后指出来否定。“权威们”即使找不到可以否定的地方，也不会表扬和肯定，只会觉得是理所当然的。

在这样的环境下长大的孩子，被催眠了几百万次“你就是不好的”，他们在感受到即将被否定前，要先跟自己说：我不好。他们对否定和拒绝极其敏感，很自然就会触发当年辛苦建立的保护机制：我被否定和拒绝，是因为我不好。

这确实是一种保护。因为一旦承认“我不好”，你就觉得自己已经准备好应对否定了。所以，不是别人否定了你让你难过，而是你先否定了自己，别人替你说出来了，你为自己感觉到悲哀。

可是你长大了，你得看清楚，你和所有人一样，不再是两极分化的好或者不好。你得认清事实：众生平等，没有好坏。你可以事情没做好，可以事情被拒绝，但这和你好不好没有关系。因为每个人都有自己的标准。

这其实就是后天重新塑造自信和开朗的过程。

自信，就是我允许自己被否定，这不代表我不好。你觉得我不好，那是你的标准，我不需要认同。开朗，就是我允许自己被拒绝，这不代表我不好，当然，你可以有自己的接受标准。我即使被他人否定或拒绝，我依然看得清事实：我可以拿回自己的标准，来欣赏自己。

学会在关系里展示自己脆弱的一面

有的人特别勤劳能干，家务、赚钱、颜值，样样不差，在关系里也很能付出。有的人特别有能力，在单位能呼风唤雨，独当一面，回到家也是顶梁柱。这些人却往往搞不好亲密关系，也搞不好亲子关系。

我的一个学员就是如此，家里家外都是“一把手”。我说你好强大啊，她却说没办法，她并不强大也不想强大，也非常渴望爱，然而非常无奈。她说，家里的两个男人，儿子和老公都不够男人，不担事、不干活，硬是把她逼成了“女强人”。糟糕的是，老公和儿子都不领情，可劲在家里作。一会儿这毛病，一会儿那毛病，让她非常无奈。

另一位学员的情况差不多，不过只有儿子作，老公的表现是冷漠、回避、不搭理，经常在单位加班。

这种人其实是在关系里不能展示自己脆弱的一面。

每个人都有自己的软弱、劳累、脆弱、无奈，会觉得活着特别累，会非常渴望别人的爱与关怀，像宝宝渴望妈妈的拥抱一样。

当这部分被别人看见时，我们觉得欣慰。

当这部分被别人照顾时，我们觉得幸福。

然而，除非遇到非常强大而且对你非常敏感的人，才能看穿你的逞能，识别你的虚弱，并且安慰你、保护你。很多人是没有这种能力的，他们只在你表达的时候，才有可能识别你的需求。这就意味着你要有一种能力：表达自己的脆弱。

你渴望有人能看穿你的逞能，却从不考虑放下自己的伪装让别人知道你的脆弱。你从不以脆弱的语言、虚弱的情感、哀求的眼神来告诉对方，此刻你很脆弱，此刻你很需要他。你不懂得示弱。

示弱不是假装自己脆弱，而是真实地展示自己的脆弱。这对一些人来说是非常困难的。因为示弱对他们来说意味着低头，而低头就是没有尊严、被人看不起、被抛弃。所以他们不能示弱。

那么问题就很严重了。你虽然有脆弱，但是你不能示弱，你只能示强。你给对方呈现的形象只能是强大的。

如果一个人没有展示自己脆弱的能力，他看起来就是很强大的。不管他内心觉得自己脆弱抑或强大，只要不具备展示自己脆弱的能力，他就只会告诉别人强大的一面。别人也会“听话”地只看到他强大的一面。他在别人的感知里就是强大的。

这不是真正的强大。**真正的强大是真实，是根据人和情境不同，既可以展示自己的脆弱，也可以展示自己的强大。**

看起来强大的人，自带两种属性：照顾人、攻击人。

他们喜欢付出，喜欢为对方做很多事情，特别能干，这是他们强大一面的表现。论责任与义务，他的行为绝对问心无愧。照顾对方的时候，可以让对方感受到他们的强大。

他们还会攻击对方：这里做得不够好，那里做得不够好，为什么不能跟我一样能干，为什么我付出这么多却得不到你的爱。他们特别容易看到别人不够好的部分，然后指指点点，希望对方改进。攻击对方的时候，也让对方感觉到他们很强大。

照顾和攻击，都可以展示他们强大的一面。他们不会示弱，照顾和攻击，是他们仅会做的两件事。

既然只会强大，就意味着会出现另一个问题。

我们对于关系中强大的人，会自然地充满需求。我们希望对方哄我们、照顾我们、满足我们。只要我们不排斥自己展示脆弱，那么对方越强大，我们就越想退化。

这里的退化基于两个动力。

第一，我们想从强大的人那里填补自己小时候被亏欠的爱。我们面前有一个特别能干、特别喜欢付出的人，他有足够的奶源，还愿意给我们，我们还不喝个够？

第二，我们潜意识里会把自己变得更虚弱，以配合对方，让对方显得更强大。强大除了自己表现外，还需要别人衬托。关系中的一个人看起来越强大，另一个人就会越来越虚弱，以衬托他。毕竟一台戏要两个人配合才能唱得下去，如果两个人都强大，这台戏是无法进行的。为了让这台戏能顺利演出，其中一方只能配合着表现出自己的虚弱无力。

有人会觉得，我也表达脆弱，我也跟他说了，可是他并不会照顾我。其实语言的表达力是非常弱的，在亲密关系里我们更多的是靠感觉来感知对方，而不是语言。

我们愿意满足对方，是因为我们感知到了对方的虚弱。比如喜欢照顾别人的人，他是感知到对方不如自己能干，不如自己会照顾，才那么喜欢照顾别人。如果你只说“我需要你”，你的眼神、表情、姿态仍然是高高在上的表达，对方感知到的还是你的强大。

关系中都是这样的：谁能示弱，谁就被爱。如果你从来不示弱，不表达需求，对方就没有能力满足你。弱的部分，只能让对方来表达。

关系中一个人从来不低头，另一个人只能一直低头。两个人一直仰着头，是没法过日子的。

两个从来不弱的人，从来没有需求的人，怎么相处？

如果你一直看起来强大，对方要么作、争吵、虚弱、索取，来向你表达脆弱，表达需要你的照顾，要么跟你一样低不下头，不会表达脆弱，然后都抬着头的你们只好彼此冷漠、疏远了。

很多时候，其实是你教会了对方作。

作，是人表达需要的一种方式。如果对方一直需要你，一定是他潜意识里感受到了你很强大，你有能力满足他，你很富足，他才敢肆无忌惮地索取。

如果一个人看起来很虚弱，我们就不忍心对他作，向他索取。你也有需求，也有虚弱时，对方就作不出来了。

会撒娇的女人比坚硬的女人更能得到爱，就是这个道理。娇滴滴的姑娘，容易得到哄，因为她是虚弱的，我们对虚弱的人主动低头很容易。不会撒娇的姑娘不容易得到哄，因为她看起来很强大，对这样的人低头，让我们无地自容。

当你被另外一个人无限作的时候，可以反思一下：你是不是把自己装得太强大了，让他以为，你有无限的能力可以满足他？你是不是从来不曾真诚地示弱，给他表现的机会？

两个人之间如果还有爱，还舍不得离开对方，人的潜意识会自动调节自己以适应关系：面对强大的人，我们会变得弱小去索取；面对弱小的人，我们会变得强大去照顾。

这个过程不能完成，关系就会断裂。面对强大的人我们弱不下来，面对弱小的人我们强大不起来，关系就难以存续了。

一直示弱，一直弱小可怜也很糟糕。如果你一直弱，对方就得一直强大。你在关系里一直依赖、索取、弱小、可怜，对方就需要一直照顾你，就需要一直昂着头，那也会很累，关系很可能会因此断裂。

所以娇滴滴的姑娘，如果一直学不会照顾别人，不知道为别人付出，替别人分忧，在别人示弱的时候，就无法成为关系中的另一半，只能以配角登场。

你不能展示自己的软弱，甚至欺骗自己，好像自己从来没有软弱的一面，就连在恋人面前，都要争一口气，拼命证明自己的高自尊。你不能低下头，实际上是因为你不相信爱了。

你从来不相信另一个人可以保护你、爱你，你就不会放下自尊低头，就会一直端着。在爱里，我们是会变得柔软的。

也许你会说，他伤害过我，他现在不爱我了，我当然不相信他。不相信别人会呵护你的脆弱不可悲，可悲的是：你不相信他的爱了，却还要跟他在一起，不去寻找能爱你的人，也不学习感情建设，重新找回爱。

你不仅不相信他的爱，不能软下来，你在任何人面前都不曾软下来。在所有人面前，你都只有一个人格：看起来很坚硬。

这也许是因为你从小都没有被真正爱过，没有被允许过软弱，没有被真正温暖过。当你长大，你要学会相信爱，相信别人愿意给你爱。你要发展出表达脆弱的能力，发展出低头的能力。低头不是软弱，而是拥有真实表达自己的能力。因为是人，所以必有脆弱。

低头不是没自尊，而是相信被爱。在爱的人面前，低头只是让你成为“宝宝”以更好地爱你，而不是被看不起。我们爱一个人，就是要把他当成“宝宝”。因此，你得有能力让自己成为“宝宝”。

第四章

学习爱和被爱，是人生最重要的功课

他凭什么要很爱你啊

很多人会抱怨：为什么他后来不爱我了？为什么他不够爱我了？为什么我总是爱错人？为什么我遇不到真爱？

很多人会告诉你，你应该找什么样的人，不应该找什么样的人，遇到什么表现的就嫁了吧，遇到什么表现的就分了吧。比如：

- 一个从来不肯陪你去医院的人，一定是不爱你的，分手吧。
- 一个从来不肯给你花大钱的人，一定是不爱你的，分手吧。
- 一个出去玩都不耐心对待你的人，一定是不爱你的，分手吧。

“鸡汤界”的很多“恋爱圣经”，其实都在公开地教人索取。这就像是你拥有审判另一个人的权力一样，你要坚决找一个爱你的、对的人，所有不符合特征的你都想放弃。

抱怨和挑剔的本质就是索取。你只想得到他的爱，他不爱你了，你就委屈、受伤、难过，却没有考虑过为他做些什么或你是怎么对他的，不考虑对方的实际情况，就是无度的索取。

我们发现，大多数人会自动站位到索取者的位置：为什么我没有遇到这样的人、我的伴侣要是这样的人该有多好啊。而不会自动站位到接纳者的角度，不会想：我要是能做到这样接纳我的他该有多好。

这是受害者的姿态。受害者的典型思考方式是：他为什么对我不好，他为什么没有为我做，他为什么不爱我了，他为什么要这样对我，他怎么可以……

这些思维方式都是以索取、抱怨、应该的姿态，希望对方能满足自己，然而索取失败，便产生愤怒、怨念、失望等感觉，好像自己受害了一样。当然，也的确受害了。

受害者思维的表达，都是以第二、第三人称开头的，因为在他们的心中对方才是应该主动的那个人。

受害者思维可以有很多好处：

• 获得同情，能打同情牌。

• 能在自己的世界里感觉自己占了理、占了上风。

• 能强迫别人认同，别人会真的部分性委屈自己满足你，让你获得部分性满足。

但是，受害者的本质是索取者，为了更好地索取，对关系长期来说是破坏性的。

我是个心理咨询师，基本的职业习惯会让我从另一个角度去思考：

你真的这么可怜吗？他真的是这样的人吗？他这么个自私、自利、贪心、花心的人，你为什么要跟他在一起呢？难道一开始你不知道他是这样的人吗？他一定是这样的人吗？他对所有人都这样吗？他有可能不是这样的人吗？他有可能很爱很爱你吗？他曾经做到过吗？

一个人的行为，至少有 50% 是被对方诱导出来的，或者是根据对方的反应做出来的。人都是会变的，一个人在关系里的变化，深深地受别人的影响。

当你受伤、委屈、愤怒，觉得他不爱你了的时候，你有没有思考过这几个问题：

- 你做了什么导致他这样？
- 你没做什么导致他这样？
- 你可以做什么让他不这样？
- 你可以不做什么让他不这样？

这就是责任者的角度，以自己的视角，从自己责任的角度出发，看看自己做了哪些破坏的事，以及没做哪些建设的事；看看自己是怎么在关系里既“透支钱”，又没有及时“存钱”的。

如果你说，你对他很好，你做了很多付出，他还是这样，他就是这样的人，那可能是你做了无效的付出。你是在抱怨索取，并没有真正地去反思自己。

一个责任者会掌握关系的主动权，会找到增进关系的方案，会积极负责。当然，这并不是说做责任者就一定是好的。有时候我们潜意识里之所以不愿意做责任者，是因为它也是有坏处的。

责任者有时候也可以叫加害者，你迫害了对方，却不愿意承认自己是加害者。

责任者有时候也意味着你曾经做错了，却不愿意承认自己的不完美、自己的错误。

责任者有时候还意味着你要付出很多来修复关系，却不愿意付出，幻想着通过要求对方来付出、来修复。

责任者的本质是付出者，通过自己的努力和意志，影响一个结果。

一段关系不能建立、失意、失败，处于其中的人都是受害者，也都是责任者。

这就像半瓶水的理论。你看到半瓶水，请告诉我，它到底是空的，还是有水的呢？这取决于你愿意把自己的注意力放在哪里。

责任也是一样。如果你盯着他的责任，盯着他没做到的部分，你就会成为一个抱怨的受害者。如果你愿意看到自己的责任，看到你没做好的部分，你就会成为关系的决定者。

讲一个关于受害者和责任者的故事。

一位女士曾经来找我，说她总是经历家暴，老公打她，她受不了，所以离婚了。然后说了一大堆情况，让我觉得她老公真是混蛋。这个女士把自己放在受害者的角度，用受害者的视角讲述了自己的故事，获得了我的认同。我跟她站在了一起，想声讨她老公。

但是在后来的访谈中，我发现这位女士做了很多她自己没有意识到的事情。

比如，她对老公有很多要求，老公不满足她，她就生气，生气的方式就是喋喋不休。这让我想到了电影《大话西游》系列开始的时候，悟空为什么想捏死唐僧。在这种情况下，人如果还要求自己不能动手，就只能走向离婚或者外遇了。

比如，她总觉得老公会打她。每当老公生气的时候，她就会验证一下："你是不是想打我，你是不是又想打我？你就是想打我！！"

这就是责任者的视角。

我想，既然她都这么说了，她老公估计很难控制自己吧。

你可以重新审视一下你们的关系，你到底做了什么。

当你要求他关注你的情感的时候，你要问问自己有没有关心过他的工作。

当你要求他过节送你花的时候，你要问问自己有没有在新游戏上线的时候送过他一张游戏卡。

当你抱怨他不陪你去医院的时候，你要问问自己他熬夜加班的时候你有没有送上一片面包。

当你抱怨你生气了他不来哄你的时候，你要问问自己他沮丧的时候你有没有给他安慰。

当你抱怨他下班后不陪你说话的时候，你要问问自己有没有满足他想要的静一静。

当你怪他不珍惜你的时候，你要问问自己有没有珍惜他。

……

然后你发现自己什么都没做，那他凭什么爱你啊？

其实，哪有什么天生爱你的人。那些能够持续爱你的人，都是你通过有效付出得来的。那些对的人，都是你教的。

你说“隔壁老王就很好，他就做到了啊”。你只看到了贼吃肉，看不到贼挨打。你要反思一下索取和加害，“别人家的孩子”这个词，小时候你妈说得还不够吗？你现在还要再对你的伴侣说？然后你成为你妈那样的人？

当感情出现裂痕，当他不爱你了，你的选择是什么？

你要做受害者，继续抱怨、索取，那么在现实中关系会恶化，在心理上会很爽。你要做责任者，为自己和关系负责，那么在现实中关系会修复，在心理上就会有些压力而不爽。

做出第一步的选择，才会有第二步的找方法。而识别出你做了哪些无效的付出和无度的索取，你自然也就找到方法了。

人生最大的悲哀，莫过于向一个满足不了你的人要爱

我能想到的人生最悲哀的事，莫过于一直向一个满足不了你的人要爱。那感觉就像是面对一个刚在车祸中失去双腿的人，你很心疼他，拼命摇晃着他的身体，向他呐喊着："你倒是跑起来啊，跑啊，你昨天不是还跑得好好的吗？今天怎么不跑了啊！人家都能好好地跑，你为什么不能啊！"他的腿伤没有因此减少半分，还要承受你的责怪、摇晃和吼叫。

我们经常对身边亲近的人充满着不满、委屈与抱怨，因为他们达不到我们的基本要求。虽然我们的要求看起来是那么简单。我经常听到这样的诉求：

• 我不需要他做得多好，他就不能达到这些基本的标准吗？

• 我不需要他无条件爱我，但他就不能给我一点点倾听、理解、宽容、支持与肯定吗？

• 我不需要他肯定我，至少他不要总是挑剔、批评、指责我可以吗？

• 我不需要他回报我，我为他做了那么多，他就不能有一点点感

恩吗？

• 我不需要他给我荣华富贵，但他能不能不要总是控制我？

• 我不希望他理解我、爱我，他就不能给我基本的尊重和空间吗？

• 我不要求他上名牌大学，只要能有个大学上就可以，这个要求很高吗？

• 我不要求他一定考上大学，他就不能正常地去上学，不要逃学、休学在家吗？

我们对身边某个亲密的人充满失望，不断地抗争又不断地失望，却始终难以绝望。或者因为他是我们的父母，或者因为他是我们的孩子，或者因为他是我们的伴侣。我们恨他，某些方面又需要他。

我们总喜欢用“你爱我就应该……”“正常人都应该……”“你就不能像个正常人一样……”来要求他。我们觉得自己的要求不高，然而他就是做不到。

我们常以为他是不愿意做，所以特别生气。因为事情真的非常简单，证据是：大多数人都能做到，或者别人都能做到，或者他有时候或曾经能做到。然而现实是：即使我们的要求如此简单和正常，他当下就是做不到。

有些事情看起来很简单，但对有些人来说就是非常困难，那场面像是张飞绣枕头一样，适应不良。

比如说夸人这件事，有的人需要非常刻意才能绞尽脑汁想出一两个“你真棒”之类的词，干瘪又生涩，然后还会被你批评为特别不走心；甚至连“我爱你”三个模板化的字，对他来说用了吃奶的劲儿也挤不出来。

比如说不控制。对于有些人来说，看着你不听话却不管，有意见却不能说，就是会百爪挠心、浑身难受。

比如说打扫卫生。我记得我打扫卫生的时候，总是被要求再打扫一遍或被数落。我真的觉得已经打扫得很干净了，可总有些墙角忘了扫或有些灰没扫干净——明明只有四个角，我一定会落下一个角。

比如说保管好钱包不要丢。这么简单的事也总有人要犯错，钱包不好好拿着而丢了——他真的不是故意的，不是态度问题。

比如说按时起床、按时睡觉，简单吗？每天健身一小时，简单吗？憋住情绪不要发火、不拖延及时完成事情，简单吗？

当对方做不到的时候，你总觉得是态度问题，实际上是能力问题。我们之所以常常对他生气，是因为我们的潜意识里做了两个假设：他在能力上是可以做到的，他不做是因为态度不够好。

你嫌弃一个人走路特别慢，觉得是他的态度问题。你突然发现他眼睛看不见，就不想生气了。你责怪一个人说话慢、回应慢，觉得是他不爱搭理你而生气。当你发现他其实是过度紧张，脑子里过了一百句话却倒不出一句的时候，就会生出很多心疼。

基于性格、经验、能力、背景、特质、知识、领悟力、智力、情商等综合因素，每个人表现出来、能做的上限就是那么多。我们不愿意看到这一点。**我们对一个人不满，常常是因为把他的能力有限理解成了态度不好——不想去做。**

虽然对方有时候是真的不想去做，但我们要有能力区分，什么时候是态度到了能力不够，什么时候是能力到了态度不够——这是两回事。

你可能会有一个反驳：只要你足够想去做，就能做到任何事。马桶刷得不干净，是因为不够想去做，刷的遍数不够多；地板拖得不干净，是因为不够仔细，不够用心。

我"品味"了一下这句话的正确性，花了四小时的时间终于拖干净了地板的每个角落，做到了保洁阿姨半小时能做到的标准。是的，我做到了。但你知道我当时的感受吗？

我会想这样三个问题：如果我每天都要把地板拖成这样，我还想再拖地板吗？我每天这么辛苦把一半的精力投放到拖地板上，我还有精力做别的吗？如果有人要求我每天做到基本的要求"地板拖干净、一天做一顿饭、按时起床去上班"，我能做到吗？

是的，如果只有这一件事，那么是可以拼尽全力做到的。其代价却是：花费大量的时间和精力，然后用其他地方来补偿；每次刻意提醒自己，非常努力地刻意提醒；做这么多，然后被别人当成理所当然，你做到这些只是基本和正常。

你可能还会有第二个反驳：慢慢做就养成习惯了。

是的，但慢慢进步的时候有人陪吗？有人看到吗？有人鼓励吗？有人满意吗？还是你在期待这个人自动化地改正并养成习惯？

你可能还会有第三个反驳：那他要是愿意改，我愿意陪他啊。

问题是：到底是你先发现他做到的部分而看见和肯定了他，还是需要他宣誓开始改后你才肯发现呢？

比如说，你需要一个人的理解、肯定和支持。你想他总是会做到一两分的，那这一两分你看到了吗？

其实是你着急了，失去了耐心。你之所以失去耐心，是因为你太需要他的爱，你没有多余的精力陪他成长。你如此饥不择食，只想快速得到，不管他有没有。

那一刻，你只是需要他，并不是爱他。如果你对他已经很失望，完全可以离开他，即使是父母、伴侣，依然可以离开。你不愿意离开还在索取，只是因为你不愿意相信他没有，不愿意相信这个事实，你还是坚持不懈地想要。这时候你能要到的难度，并不比想把某个男明星打败然后把某个女明星娶回家来得简单。

你可以向别人要爱。

在你的身边，其实有很多人——朋友、陌生人和我都愿意支持你、关注你、理解你、帮助你。比如说我，你只需要付一点点费用，就可以得到我的很多理解、关注和爱。你可能会看不上，你觉得这是暂时的、用钱买来的。那是因为你想要的是永久的、无私的爱。这个标准，最爱的人也是给不了你的。

我与你最爱的人并没有多大差别。不过是我能给 2 分，时间短点、需要付费来换，你不要；爱人能给你 4 分，时间久一点、需要用你的爱来换，你也不要；朋友能给你 2 分，你更觉得那些支持、关注都太不够。

10 分之下，来自我、陌生人、朋友和不完美的爱人，你通通不要，你觉得这些太微薄而忽视了。

人生痛苦的就是：别人给的爱你都看不上，你只想向一个给不了你 10 分爱的人要 10 分爱。更痛苦的是：你从来不觉得要求是 10 分那么多，你觉得只是“正常”。

你可能会觉得：其他人能给你的爱，都不及他给的爱重要。可是他此刻给不了你爱，你连别人的爱也不要了吗？他给不了你10分爱，你连他能给的4分爱都不要了吗？

不要为失去月亮而愤怒，不然你就真的连星星都没有了。虽然100颗星星都不及一个月亮明亮，但是月亮不能所有时候都在，而且，可能终生都没有你要的那么明亮。

你想要的“正常”的爱是没有的。很遗憾，不是态度问题，不是意愿问题，不是爱不爱你的问题，只是能力问题。在他的世界里，他能做到的只有这么多。

接纳这个事实的过程很哀伤。你需要经历这种哀伤，接纳事实就是如此，你需要面对现实，需要长大。你需要承认：是的，有时候他就是给不了我。

失望，是成熟的必经之路。失望过后，放弃不可能的幻想，珍惜所能得到的现在，就是成长。

然后你可以问自己几个问题：如果他真的满足不了我这个基本要求了，那我该怎么活下去呢？他还有值得我跟他在一起的其他地方吗？我可以为这件事做些什么呢？我还可以为自己做些什么呢？

接下来你能做的一切，都是爱自己。爱自己不仅是自己满足自己，更是向能满足你的人要爱，放过满足不了你的人；追求你能要到的部分，放弃对你要不到的部分的执着。

当然，如果你认为通过抱怨、要求、努力、指责等方式可以要到爱，那么——God and I, bless you（上帝和我，祝福你）。

他不如当初对我好了，却会对别人好

一开始，他对你很好，可是好着好着，就不如当初好了。人世间最气人的事，也莫过于此了：唤醒了你的希望，又戛然而止，让你沦陷到爱情里，他却不再给了。得到了你，他却不再对你好，甚至对别人好了。

这让你又气又恨又委屈，以至于你怀疑：其实他就是不爱了，所以爱不如当初了。

浪漫期是一段感情必经的幻象阶段，看起来特别美好，却只是泡沫，无法持续。感情进入浪漫期，他会对你好上加好，甜如蜜饯。他也会展示自己所有的好，你对他充满欣赏，眼睛含光。

浪漫期的任务就是使用假我建立关系，关系建立好后就会进入权力争夺期，开始用真我相处磨合，重新找到一个平衡点。感情，从外战转入内战。

他对你没那么好了，只是因为你们的浪漫期结束了。

浪漫期的结束，不是一个人的错，甚至不是错。它是两个人相互推动，从天上掉到地上的过程。一个开始欲求不满，一个开始抱怨；一个开始偶尔疏远，一个开始胡思乱想；一个开始指责抱怨，一个开始步步设防。到底是谁先开始的不重要，重要的是你们一直在互相伤害你却不知道，你一直认为是对方在伤害你。

一个人很难意识到自己的变化，更容易盯着对方的变化，认为是对方冷漠，看不到自己也在幽怨。

如果你能知道浪漫期为何结束，并且客观看待这个过程，顺利过渡到下一个阶段，就可以持续享受这段感情。

浪漫期里，两个人的关系其实是畸形的，虽然很甜蜜，却不正常，只能暂时存在。

你留恋的当初那么好，只不过是激情。激情并不可持续，消退是一种必然。浪漫期是激情为主打的阶段。激情，是一种高浓度的感情，这种浓度是难以持续的。

投入感情，是需要精力、心思、时间、力气的，我们把人在感情里消耗的这些东西统称为能量。感情是消耗能量的。一个人的能量是有限的，如果投入到这里，就不能投入到那里去。如果投入到 A 的过多，投入到 B、C、D、E 的就会过少，从而导致一种失衡状态。

当一个人陷入感情，对另一个人很好、很有耐心，他就会把过多的能量投注到这个人身上。那么，他对父母、工作、朋友、未来、学习、健康、规划等领域里的能量就会相对减少。

比如，他花心思来对你好，会影响他交朋友、玩足球等。注意，我们说的是影响而不是停止。他还是会继续做别的事情，但是在能量投入上是被分流的。

一个人对你特别好，是以牺牲其他社会功能为代价补偿的。这些社会功能一小段时间内淡化暂时不会有太大影响，但时间一长他的潜意识就会感受到危险，会提醒他需要重新重视起来。

两个人在一起的关系趋向于稳定后，人的潜意识会自动重新分配每个领域的能量占比。结果就是，他对你投入的能量少了，你体验到的是他对你不如当初好了——这是事实。

浪漫期固然美好，持续总是困难的。一个人要持续对你激情般地好，代价是非常巨大的。这个代价不是你要付出什么，而是他需要消耗。

你需要学会接纳，没有人会一直对你如当初般不管不顾地好下去。你是他重要的一部分，却不可能是他的全部。

除此之外，你做了什么，也在影响着他如何对你。

是的。你对他很多负面的反馈，都在无意间伤害着他。

当你适应了他的好，你被爱的欲望被唤醒了，你的需求在增加，需要更高浓度、更多的好，才能体验到被爱的感觉。

同时，你以为自己付出了很多，你要求回报，你的需求也在增加。你自以为是地付出了很多他不需要的东西，他没有收到你的付出却被要求更多付出。被过多索取是一种压力，这种压力会带来伤害。

当你发现他不如当初好了，你通常的应对方案不是去解决和修复，而是抱怨和指责。你的眼神不再流淌着清澈崇拜，开始充满不满；你的话语里不再有惊喜般地欣赏，开始散发着责怪；你的世界里不再只有他最好，开始看到别人家的谁谁更好，然后拿来比较。你开始用自己的角度理解他、看待他、评判他，用理所当然、“正常人都”“你应该”去要求他，不再柔情似水。

不当的索取方式，也是一种伤害。

面对伤害，我们的第一反应不是去爱伤害自己的人，而是保护自己，通常会采用两种方式保护自己。

第一，攻击对方。他感觉到了你的伤害会进行反击，他的反击对你会造成伤害，你又会进一步攻击，矛盾升级，冤冤相报。

第二，封闭自己。他反抗失败、不忍心攻击你的时候，就会封闭自己，屏蔽你的话和感情来保护自己，选择逃避或离开以让自己舒服点。

保护自己需要消耗能量，所以他能爱你的能量就更少了。

在你们的交往中，你负面的反馈越多，他抵御你反馈所需要消耗的能量就越多，能付出给你的就越少。所以你必然会体验到他对你不如当初好了。

你之所以会有很多负面反馈，是因为你把浪漫期激情般的好，当成了“正常”水平，然后拿此要求他。实际上，这是一种虚高。两个人的付出一开始都会虚高，相处久了就会进入正常水平。

这也就能理解，出轨的人觉得与出轨的对象的感情都比原配感情好。因为他们刚刚处于浪漫期，浪漫期的关系总是能打败权力争夺期的关系。

人除了付出，还是有需要的。人的持续付出来自持续的供给，供给不足，就会导致后期付出乏力。

浪漫期面对他的付出，你会用欣赏、感激、崇拜的眼神去回应，这就是在给他能量供给。你供给的能量越多，他能付出的就越多。浪漫期过后，你对他的供给在减少，他的付出也会相应减少。

你可以反思一下自己的变化：

- 你有多久没有认真地含情脉脉地对他说一句好话了？
- 你有多久没有给他高度的关注、站在他的角度替他思考了？
- 你有多久没有静下心来充满爱地询问他的烦恼并耐心地倾听他了？
- 你们处于美好时期你做过的那些事，现在还在做吗？

也许你一直在付出，但是你的付出是越来越任务式地闭着眼，越来越任务式地不走心，他能收到的有效付出是越来越少的。你给他的供给越来越少，还希望他的产出像原来一样多？

一个人对你有多好，至少有三个值在影响。有一个计算公式：

对你的付出 = 他自身的能量 − 你对他的伤害 + 你对他的供给

浪漫期过后，生活任务、社会功能等都在分散他的能量，他自身的能量在降低。这是较难抗拒的因素。

你对他的伤害在增大，他的付出能力就会降低。因为他得先把能量应用于抵消你的伤害，多余的能量才能对你好。

你对他的供给又在减少，他就需要先自我补充，先应对自己的疲软，多出来的能量才能对你好。

这真是一件糟糕的事情。

他自身的能量在降低，你的需要和伤害在增加，你对他的供给在减少。三个因素同时副作用于他的付出，你的体验自然是他显著不如当初好了。

这时候如果有另外一个人对他充满了好奇，愿意牺牲工作、娱乐跟他待一会儿，愿意欣赏他、关注他、安慰他、照顾他，给他轻松与快乐，只看到他的好，看不到他的不好，不去评判他、否定他、伤害他，那么三个值都是在正向增加的。所以他有能力对别人好，却没有能力对你好，有能力为别人做事，却没有能力为你做事，也算是正常的事。

这还不都怪你。也不能说都怪你，这对你不公平。总之怪你一部分，是没错的。

感情不是一朝有，就日日有。

好的感情是经营出来的。

别人对你的好也是。

能不经营只享受还可以要求的，那是妈妈。

哦，妈妈也未必。

你看到什么，你的世界就充满了什么

我想说的中心思想就一句话：你要相信，在这个世界上，所有人都爱着你。这似乎和前文说的“总有人喜欢你，也总有人不喜欢你”矛盾，其实并不矛盾。

我们先尝试界定一下“爱”“所有人”“这个世界”。

爱是一种主观心理感受。对你来说，不是别人付出了爱，你就能体验到被爱，而是你体验到的爱才叫爱，这两者是不画等号的。你付出的是爱，对方感受到的是伤害；你不经意间的动作，对方感受到的却是满满的爱，这种情况太多了。

当我们谈论世界和所有人，都是在谈我们的心理感受。世界不是这个地球，不是这个宇宙，所有人也不是地球上的所有人。你体验到的世界，就是你的全世界。你心里装着的人，就是所有人。

影响我们感受的从来都不是客观现实，而是我们对这个世界的理解和体验，我们称之为心理现实。

当然，这个世界上的所有人并非只是单一地爱着你，还对你无所谓、讨厌着你。当你遇到一个人，无论跟他是一面之缘，还是神交已久，还是仇深似海，你们之间的关系都是这样的：对你有爱的部分，有无所谓的部分，也有讨厌的部分，只不过组成部分的多少不同而已。

即使最亲近的人，妈妈、伴侣、孩子，他们也不会24小时都爱你，总有些时候非常讨厌你，甚至后悔生了你，后悔跟你结婚，后悔被你生出来。

我很小的时候，我的妈妈就忙于农活，扔下我不管，任我哭泣挣扎，无人回应。

无所谓，是我体验到的真实感受。长大恋爱后，女友曾经丢下我独自离去，任我伤心落泪。我感觉到的是全世界都没有人在乎我。可是他们对我表达爱的时候，又是发自肺腑、让人感动的。

即使最讨厌你的人，都不会所有方面、所有时候都讨厌你。即使100分讨厌你，你依然可以发现其中美的部分。

当回忆起幼儿园的时光，和小朋友打架的岁月，我会惊讶于最美不过当年。当我慢慢长大，我发现讨厌我的人依然存在，是他们滋养了我的生活，构成了我现在的美好。

当我被一个人讨厌后，我会觉得委屈。这时候我会想起我最爱的人，感觉到他们对我特别好，格外重要。

如果你的生活中，所有人都喜欢你，所有人都不讨厌你，你也没有讨厌的人，那是多么可怕的事情。你会发现所有人都会变得无所谓，因为没有讨厌，就衬托不出喜欢。

何况那些讨厌你的人，他们有爱你的一面，有对你欣赏、感恩、仁慈的一面。更留下了一条很宽的路，等待着你们和好。你会发现，仇恨消融后带来的亲密，有时候比陌生建立的亲密还要亲密。因为讨厌，其实就是喜欢戴了层面纱。

即使讨厌了，也曾经爱过。回忆的温度，也足以度过初春的冰冷。

即使是路人，不知你姓名，也曾给你安慰，给你感动，给你温暖。公园里的老人手牵着手，你觉得被安慰到，你感受到了来自他们的美好。

这个世界上，所有人都在爱着你，所有人都在讨厌着你，所有人都在对你无所谓。爱、讨厌、无所谓，并不是三选一的问题。不是爱一个人，就方方面面爱。更不是讨厌一个人，就时时刻刻讨厌。不存在爱你的人或讨厌你的人，只能说这个人此刻爱你或爱你的某方面，那个人此刻讨厌你或讨厌你的某方面。前文提到的“总有人喜欢你，也总有人不喜欢你”，说的就是总有人此刻喜欢你或喜欢你的某方面，总有人此刻讨厌你或讨厌你的某方面。

“我永远都讨厌你，一辈子。”即使有人这样说，也别相信他。真能讨厌你一辈子，他就结不了婚了，因为他不能把全部的注意力给恋人，还得分一部分给你。

为了语言表达方便，我们会说：我爱他，我讨厌他。为了强调浓度，我们会加“一辈子”。但是你要知道，那不是全部的真相，那只是简化版本的表达。

真相是：你的眼睛在哪儿，那一刻，你看到的就成了你的全部。

你看到爱的部分，就会感受到被爱充满。你看到无所谓的部分，就会感受到被忽视充满。你看到讨厌的部分，就会感受到来自全世界的敌意。那一刻，你看到的点，就是你世界里的全部。那一刻可能很长，也可能很短，但那一刻，就是全部。

讲一个故事吧。

有一天你到金矿里去挖金子。这时候你会想什么呢？你的注意力在哪儿呢？

你的想法可能有：

- 我要挖到金子，我要找金子。
- 怎么又是沙子，好讨厌。怎么会挖到个矿泉水瓶，好讨厌。
- 今天、昨天，来的路上有个讨厌的人怎么对我了。

你觉得哪个想法会让你更容易找到金子呢？

当你的注意力在金子上的时候，你的世界就在看到金子和期待金子的过程里，你的世界全部是金子，那一刻你感受到的是快乐。

当你的注意力在沙子、石头上的时候，你的世界就全部是讨厌的东西，那一刻你会满世界都是沮丧和绝望。

当你的注意力根本不在当下，你是不存在的。你就像是灵魂出窍了的孙猴子一样。

金子存在的概率是一定的，但是想法不一样，心境就会不一样，找到金子的效率和数量也会不一样。如果你因为这一刻没有挖到金子而生气，只不过是因为你的期待是：这个地方如果都是金子，没有沙子、石头多好啊。

那金子还是金子吗？

你会因为别人讨厌你而生气，说到底是因为你想说：要是所有人都喜欢我该有多好啊。可是如果那样，爱也将变得非常廉价。

当然这座金矿含金量可能本来就少，挖起来真的很让人绝望。可这就是你的宿命，要么在贫瘠的土壤里发现一丝爱的亮光，要么换一片相对富裕的土壤。

你的眼睛在哪里，你的世界就在哪里。你看到了什么，你的世界就充满了什么。

爱，是一种发现。

当你发现了爱，你就充满了爱，你就给出了爱，你就收到了更多的爱，你也就发现了更多的爱，爱就会越来越多。

正向循环，反之亦然。

这不是吸引力法则，这是选择性注意。

无条件的爱，不是无论你怎么作别人都爱你

对于“无条件的爱是否存在”这个哲学问题，不可证真，也不可证伪。因为，你总能找到大量的证据和理论证明它存在与否。

这就像是要证明“丛非从是不是一个好男人”一样，无从谈起。除非你开始限定，好男人是什么。除非你选择了角度，从哪个角度来看。

论述“无条件的爱是否存在”之前，我们先限定一下什么是“无条件的爱”。无条件的爱，就是在你不刻意付出和努力的情况下，依然有人愿意爱你，愿意对你好，并且不期待、不要求你回报他。

长期以来，当我们讨论无条件的爱时，都掉入了一个怪圈：把客观存在与主观体验混为一谈。我们经常讨论“他人能否给出无条件的爱”，而很少讨论“我是否体验到了无条件的爱”。

实际上，爱作为一种主观体验，它并不是付出者单方面决定的，还有体验者。除了他有没有给我爱以外，我有没有感受到被爱也很重要。

无条件的爱是一种感觉。谈论感觉的时候，怎么能不谈论体验者呢？

无条件的爱也是一种爱。既然是爱，就要涉及两个部分：

• 付出者有没有付出无条件的爱。

• 体验者有没有体验到无条件的爱。

一个是客观现实，一个是心理现实。从不同的角度来说，你就会得出不同的结论。

比如说，阳光是存在的吗？

从客观现实来说，阳光是存在的。但不是所有人都能感觉到阳光是存在的。一个人有没有感觉到阳光的存在，除了这个人出生的时候有没有残疾外，还跟乌云、地域等有很大关系。

一个从来没见过或从来没听说过阳光的人，和一个见过阳光或听说过阳光的人，会陷入争执：阳光到底是不是存在的？

正如在某些人的世界里，他们相信上帝的存在，并且感受到了来自上帝的爱，上帝真的在无条件爱着他们。这是他们的真实感受，跟客观的上帝是否存在没有关系。

我们不去评判谁对谁错。从不同的角度出发，会有不同的结论。如果我们再加上体验者这个角色，无条件的爱就好讨论了。

一个人会付出无条件的爱吗？无条件的爱客观存在吗？

当你陷入黑夜，熬过夜漫漫，太阳会给你光明，从未索取；当你提个大箱子上不了台阶，有人帮你拎上去，从未留名；在陌生城市问路遇到热心回答……太阳、陌生人正在无条件爱着你。连跟你不熟的人都这么爱你，你身边的人给你的更多。

同样，当朋友失恋，你愿意给予他力所能及的安慰；当伴侣哭泣，你愿意给他最真心的拥抱；当孩子落难，你义无反顾甚至可以牺牲性命。还有比这更真实的无条件的爱吗?

我们对一个人好，多数时候都是无条件的。然而一个人在付出的时候，会消耗自己、透支自己，慢慢地，付出就开始变得有条件了。

一个人的付出，会从无条件变成有条件。

我们富足的时候，愿意把自己的爱给别人，分享，流动。这就是一种无条件的爱。付出本身，对我们来说就是一种愉悦的感受，他人不需要刻意回报什么，他人接受本身就是一种回报。

我们匮乏的时候，对他人付出 1 分好往往就想要 10 分回报，爱就变得有条件了。最常见的索取理由就是，“我曾经付出过，现在我需要了，你也付出点吧”。

一个人的付出是持续的过程，中间有一个拐点，前面的付出都是无条件的，后面的付出都是有条件的。这个拐点，就是付出的舒适值，就是我们付出多少，自己感觉刚刚好。

世界、我，还有他，都在无条件爱着你。只不过人有自己的局限，不能无限制付出。你开始强迫自己付出的时候，爱才有了条件。你匮乏的时候，爱才有了条件。

你的他一直都爱着你。如果他在对你索取和要求，一定是他对你付出太多，超出了他的承受能力。

从客观现实来说，他人对你会有一定程度的无条件的爱。为什么你感觉不到他人的爱，尤其是亲密的人的爱?

陌生人给你一碗面吃，你热泪盈眶，感到被世界无条件地温暖着。妈妈给你煮了几十年面却遭你吐槽不被她爱。陌生人给你一个拥抱，你感到莫大安慰，老公抱了你那么多年你却觉得不被爱。

太多人明明被爱着，却总感觉自己不被爱。

你能否感受到对方的爱，是由两个因素共同决定的，不仅取决于他有没有爱你，更取决于你的需求有多少。

我们有一个公式可以大致计算一个人能体验到的爱：

爱的体验 = 对方的实际付出 − 你的主观需求

你的主观需求超出对方的实际付出量时，你就会体验到他一点都不爱你。你对他的需求是 80 分，而他只给了你 60 分的爱，你对于爱的体验就是 −20，就是他一点都不爱你！！

你的主观需求少于对方的实际付出时，你就会体验到他对你无条件的爱。你需要 100 元钱，他却给了你 1000 元，你就会感受到 900 元无条件的爱。

太阳是无条件爱你的，还是伤害你的，这不仅是太阳决定的，还是你对太阳的需求决定的。

极端一点说就是：

你非常需要无条件的爱时，它就没了。这时候你需要无条件的爱来证明自己是被爱的才有安全感，你的需求是 100 分，你体验到的都是不被爱。

你不是很需要爱的时候，它就有了。这时候你的需求几乎是 0 分，你体验到的就是捡了很多爱，正在被这个世界温暖着。

心理学中很多规律跟物理学的规律都是一样的。正如量子物理中的波函数坍缩，对于电子云，你不观察它的时候，它是存在的；你一观察它，它就没了。

如果你总觉得无条件的爱是不存在的，总觉得自己不被爱，那么一定是因为你对爱的需求太大了，超出了他人实际能付出的量。

这里的需求是指你潜意识里认为对方理所当然应该为你做的，而非你实际的所有需要。你只要认为他应该对你怎样，开始了理所当然，就开始感受不到他的爱了。

综上：无条件的爱是存在的。

对付出者来说，在一定范围内不委屈自己的时候，他愿意付出无条件的爱。超出了这个阈值，爱就变成有条件的了。越委屈自己付出，爱越是有条件。其实有条件的爱也不错的，更糟糕的是，当超出了另外一个阈值后，有条件也换不回爱了。

对于体验者来说，对别人的需求小于他的付出时，就会体验到无条件的爱。需求大于他人能给的，就会体验到不被爱。人越爱自己，越容易体验到无条件的爱；人越匮乏，越体验到自己不被爱。

无条件的爱是一个相对概念，绝对化的时候就不存在了。无条件的爱，不是无论你怎么作别人都爱你，而是你不刻意做什么你也是被爱的。只是，如果你很能作，什么样的爱都能被你作没了。

当你不再挑剔自己，你就不再挑剔伴侣

对于很多人来说，亲密即破碎。

你跟一个人建立长期的亲密关系时，你开始受不了他，你开始怀疑。你怀疑自己当初是不是瞎了眼，是不是选错了，是不是该分手或离婚。或者你开始漫长的改变他的旅途，通过抱怨、指责、学心理学等。然而无论你怎么做，都能成功证明一个事实：这段关系、这个人让你很失望、很迷茫，他根本达不到你的要求，并且改变无望。

有时候你换一个人，发现他就是你要找的，但是一旦走近，又开始发现这不合适那不合适，想要分开。

总结起来就是这个现象：你一旦和一个人走近成为非常亲密的关系，你就会对他充满挑剔、不满，甚至想要结束这段关系。

我们之所以挑剔伴侣，对他们感到失望，是因为我们内心渴望一个完美的伴侣。

每当我们挑剔伴侣这也不好那也不好时，实际上是在说：你这要改，那也要改，直到你变得完美，我才罢休。那么，我们为什么会期待完美的关系、完美的他人？

首先，我们是看见过完美的。

虽然我们理性上知道，没有完美的人，但是我们看别人的时候，会忽略他们的缺点，盯着他们的优点，他们在我们的感受里是完美的。

比如，同时毕业的同学，很多都已经买房、结婚、生娃，人生该办的事都办完了。他们的工作、情感，都比我优秀。理性上我知道他们不完美，但是感受上我只看到了他们的完美。看别人家恩恩爱爱，过得那么幸福，当我羡慕他们的时候，其实是在说他们是完美的。

其次，我们也拥有过完美。

比如，在关系之初，我们常常觉得对方是完美的，爱情是完美的。即使我们知道不完美，但我们能原谅并不在意那些不好的地方，我们觉得遇到对方是此生最幸福的事情，因此对方和关系也都是完美的。

完美在客观世界不存在，但在我们心里，一直都存在。

后来，是什么变得不完美，让我们对一个人开始挑剔了呢？是走近。

随着关系的进一步密切，两个人的嵌入程度就会越来越深，越来越把对方当自己，越来越用对待自己的方式对待他。因此，我们怎么挑剔自己，就会怎么挑剔对方。我们恐惧的事情就不会让对方做。我们想做到的事情，也会期待对方做到。

这时候，两个人的关系是非常纠缠的，我们像爱自己一样爱他，也像挑剔自己一样挑剔他。

比如，我受不了自己乱花钱。当妻子花很多钱买了一件很贵的衣服的时候，我会苛责她浪费、败家。虽然她很委屈：你不给我买就罢了，我花自己赚的钱买怎么了？从客观上来说，这并不是钱的事，而是她触动了我对购买华而不实的东西的恐惧。结果越恐惧越失控，越失控越苛求越冲突，她会说我小气不爱她。

再如，我受不了自己不守时、迟到，那会触发我对不礼貌的恐惧。当妻子跟我一起参加活动的时候，我会企图强迫她准时，如果她迟到，我就会愤怒、责怪。结果她对我很失望：我们本来就是来玩的，干吗要把自己搞得这么痛苦？

说到底，我对她的挑剔，全部是对自己的挑剔。我受不了自己不上进、贪玩、乱花钱、不考虑别人感受、不礼貌、不尊重长辈等，我就会受不了她有同样的表现。

虽然这些要求我也不一定都能做到，但是当我对自己不够肯定的时候，会更期待自己的“延伸”来完成。比如有些规条我自己不能完全做到，就会幻想妻子做到这些，以获得自己也做到了一样的体验。

我们对孩子也是这样。我们很重视成绩，但是自己不能做到，就会要求孩子去替我们完成。我们把孩子过度内化，使孩子成为另一个自己，孩子只是我们完成自己的工具。

最开始的时候，我们爱一个人，是爱一个独立的人。他的种种缺点，都是特点，都是他的，都不是我们身上的，因此都可以接受。

我们就是这样，有些缺点，别人有我们觉得正常、无所谓，自己有我们就受不了。

当关系拉近的时候，过程是这样的：我慢慢地把你变成我自己，我对待作为独立的你的态度，渐渐成为对另一个自己的态度。也就是说，这时候我们把对自己的爱、讨厌、挑剔，全都转移到了伴侣身上。

因此，**挽救关系的一个途径就是：我尊重你作为另一个个体的存在，我和你有足够的亲密但不交融，彼此独立。**我尊重你不是我，你是你自己，你和我有差异。我觉得重要的价值观，不苛求你觉得一样重要。也就是说，我爱你，爱的是你，而不是另一个不完美的自己。你是一个独特的人，而不是满足我的工具。

怎样不再挑剔对方，不再对他感到失望？最深层的解决方案就是：我可以创造完美的自己。

我们用了很多标准来要求自己，应该这样应该那样。我们用看似大众的标准来满足自己的安全感，守时、有上进心、节俭等。这些看似是社会的要求，实际上是我们习得的逃避内心恐惧的方式。我们以这些为标准来苛求自己，然而我们从未真正做到过，所以我们不能停止。这些标准就像是皮鞭一样，我们拿它们不停地鞭策自己，然后告诉自己：你，还不够完美；你，还有太多缺点。

我们努力优秀，是因为我们不相信自己本身优秀。我们努力完美，是因为我们不相信自己足够完美。我们拿所谓的标准去框自己、框孩子、框伴侣，我们都会发现不完美，因为我们的完美标准就是有问题的。

为什么我们不成为自己标准的缔造者？很多时候，并不是社会苛求，而是我们对自己的高要求掉进了不做 100 就是 0 的非黑即白里。

如果你制定 6 分守时、5 分善良、7 分上进、2 分节约……加起来就是你，那么你只要 10 次中做到 6 次守时，10 次中做到 2 次节约就可以了，如此，你就完美了。

你可以原谅自己有时候做不到，就能原谅伴侣有时候做不到，继而就不会觉得关系不完美了。同时你会发现，你的伴侣在不同的特质中采用了不同的比例，你爱的是这个独一无二的他，而不是拿你的标准去框他。

你爱一个人，是爱他的本身，而不是欣赏或挑剔他是否符合你标准的条件。他的不同特质的不同比例组合，就是他的独一无二。爱一个独一无二的人，是没有竞争、没有占有、没有嫉妒的。

你有能力发现自己是完美的，就会发现他人是完美的。你能放下用自己看待世界的视角去评判伴侣，就会发现伴侣是完美的，爱情是完美的，关系也是完美的。

完美的爱情当然是存在的。

爱别人就是爱他本来的样子，而非如你所愿的样子。

爱自己更是爱自己原来的样子，而非理想中完美的自己。

不断发现自己的独一无二，发现自己本身就完美，是一门非常美丽的功课。你不需要做到 100 分，因为人的完美就是这里 80 分那里 20 分的奇怪组合。

当你不再挑剔自己，你就不再挑剔伴侣。

看不惯，其实是一种太爱

有时候一段感情的破碎，我们喜欢归因为性格不合。性格不合是一种非常委婉和礼貌的表达。

其实感情的破碎，往往是因为一方对另一方有很多看不惯，受不了对方的很多缺点，然而又改变不了他，对此很无能为力。

很多人问我：与伴侣的性格不合如何相处？大家都在说要接纳对方，尊重对方。但是，他差劲成那样，自私、懒惰、自以为是，你怎么接纳怎么尊重？所以虽然知道很多道理，很多人最后还是因为看不惯对方而离开。

在生活中，我们对于他人也有很多看不惯。

有时候是一种鄙视、不屑，有时候是一种指点、教导，有时候我们会用别的方式去应对。然而最终我们会发现，我们对一个人看不惯的时候，无论有没有做出来，内心深处都潜藏着很多愤怒，有很多想改变对方的冲动。

按理说，别人做了讨厌的事，关我们什么事，我们为什么会愤怒呢？为什么会想矫正他呢？其实就是因为潜意识里我们太爱他了。

你说一个人自私的时候，很容易推导出自己的自私。自私的意思是他只考虑自己不考虑你。那么，假如他不自私，对你的影响是什么？就是更容易照顾好你、满足你，所以你说他自私的目的，不过是满足你的自私。你如果不自私，就不会发现别人的自私，就会很自然地满足他。

你说一个人太计较的时候，可以很容易推导出你的计较来。你看，当你有“他很计较”的意识时，你不是正在计较吗？你如果不计较，就不会发现他的计较。

你说一个人自以为是，是因为他没有围着你旋转跳跃，让你闭着眼享受而已。

你所受不了的别人，终究是受不了的自己。

你看不惯一个人的某些特质，实际上你的内在发生了：

• 你身上具备了这些特质。

• 你评判了这些特质是不好的、不对的。

• 你不接纳、不允许自己的这些特质，并进行了掩饰。

• 你看不惯的，都是你渴望做但你不允许自己做的。你不允许别人做，因为他这是在炫耀，会激发你的欲望。

你可能会反驳：我受不了一个人懒惰，难道说明我懒惰吗？说明我也渴望懒惰吗？是的。虽然你表现得勤快，但这只是你对自己懒惰的掩饰。

当你勤快的时候，你在享受吗？如果你在享受，就不会因为另一个人不享受而生气。你爱看韩剧，你会因为另一个人不爱看而生气吗？不会。

你看不得别人懒惰，实际上是你也想懒惰。你自己做不出来，就不允许别人做出来。你强迫自己勤快、受罪，就看不得别人开心，也想强迫他。

一个人为什么要强迫自己勤快呢？还不是因为其本质是懒惰。真正勤快的人是不需要强迫的——他只需要实现自己的品质就可以了。

我们有一个证据来证明你的渴望。

当你大声说出“我就是一个 ×× 的人，我骄傲、我乐意”的时候，你的感受会告诉你潜意识里压抑已久的呐喊。不信，你可以试试看：

• 我就是一个自私的人，我骄傲、我乐意。

• 我就是一个懒惰的人，我骄傲、我乐意。

• 我就是一个自以为是的人，我骄傲、我乐意。

……

潜意识遵循的是快乐原则，成为这样的人会让我们快乐和自由。

你会体验到一种恐慌，这种恐慌其实是在说“这是不对的”。同时你也会体验到一种快感，这种快感其实是在说“是的，这是我想要的”。

你嘴巴上说不要、不喜欢，身体还是很诚实的。只不过你学会了强迫自己做该做的、对的事情，却不知道自己的心真正想要的是什么，什么才能让你快乐。

你之所以宁愿按照对的、应该的去做，也不愿意按照自己的心去生活，是因为后天的环境一次次告诉你，如果你做不对的、不应该的事情，就会有危险。

比如自私、自以为是、懒惰，就会伤害关系，伤害他人，会挨骂。如果伤害了他人，你自己也会跟着受伤害。

如果你是因为爱一个人而不想伤害他，你就会自然地无私、付出。如果你是因为爱一个人而想对他好，你就会自然勤奋。但是如果你的潜意识里感受到的是危险而不让自己去做，你就会用愤怒、看不惯的方式去伤害对方。

那些不对的、不好的特质是一种评判，我们潜意识感受到危险，就会企图用排斥的方式来压抑自己身上的这一部分。

你有多排斥自己的某一部分，就有多压抑自己。你有多压抑自己，就有多大的动力投射出去。你需要借助于讨厌别人来完成讨厌自己。

我们习惯把这个动作叫作“自我阉割”：人本是完整的，两只胳膊两条腿，两面性格两面特质；非要判断出个对错好坏，就得切掉一半。

只能大度不能自私，只能宽容不能计较，只能优秀不能糟糕，只能勤奋不能懒惰，只能卑微不能骄傲。听起来就像是只能有右手不能有左手一样。

我从小就被教育：右手是有用的，右手是好的。所以从小就看不惯使用左手吃饭的人，更看不惯那种居然左右手都能使用的人。所以我觉得使用右手挺正常的，我坚信使用左手不正常。

你会不会很可怜我？看到有人看不惯别人、受不了别人的时候，我是挺可怜他的。年纪轻轻的好好活着不好吗？非要通过排斥别人来完成排斥自己，通过不接纳别人来实现不接纳自己。阉割自己一部分，让自己变成只有一种特质的高尚的人。

所有性格不合，都是跟自己不合。不允许自己这样，就不允许对方这样。

这种做了 ×× 就危险的感觉，来自小时候。

每当你做出不被允许的事，你就会遭受惩罚。比如你自私了点、懒惰了点、不积极上进了点、差劲了点、糟糕了点……你就会被惩罚。

爸爸妈妈惩罚你的方式有很多种：

• 有时候是骂你，责怪你，不该这么做。

• 有时候是你这么做的时候忽视你，不这么做的时候对你热情。

• 有时候是直接表达他们的喜爱，提出他们的要求。

• 有时候是拿一个更好的隔壁家的孩子做榜样，告诉你他们更爱那样优秀的孩子。

于是，你潜意识为了避免惩罚，为了得到爱，自动学会了：×× 是错的、不好的、不该的。所以你不能做那些可能有危险的事情。

可是别人家的经验很可能和你的不一样，别人自私、懒惰、不上进，别人的爸妈没有惩罚过他们呀。他们知道有时候人是可以自私、懒惰、不上进的啊。而且自由生长的小孩，还会变得渴望宽容、真诚、勤奋，人是有向上的本能的。只不过他们比你多了两样东西而已。

第一，自由与灵活。我会做好，但是我也允许自己做不好。即：我既可以 A，也可以 -A。

第二，适合的度。我不会把自己逼到别人的标准里，只在自己的标准里满意就好了。

可是，你的潜意识里认为他做成这样是会被惩罚的，你的经验无数次告诉你是这样的。所以你会用看不惯、受不了的方式改变他、制止他、呵斥他，无效的时候你就想离开他。

当你看不惯一个人的时候，实际上是你想改变他。当你想改变一个人的时候，实际上你只是想保护他，你认为他这样是不对的，是会被惩罚的。

这是多么深沉的一种爱。他却不知道。

可是你也不知道。所以你试着表达：我这么看不惯你、受不了你，是因为我觉得你应该做对的事情。你做这些不对的事情，会遭受某些惩罚。因为我爱你，想保护你，才想让你做对的事情，这样你才是安全的。

你一直说到他开始怀疑人生。

遗憾的是，你用改变的方式去保护一个人，一定会激起反弹。

你需要的是接纳，不仅接纳对方是这样一个人，更是接纳自己不同的人格面向。

你可以允许自己是一个完整的人、全面的人。你可以追求某种美德，可以宽容、真诚、守时、守信，但这不该成为你的负担。这并不是说没做到就不好，你可以保留自己没做到的权利。

这就像是你可以成为右撇子，多用用右手，但你不能割掉左手，你要保持自己的完整。你要相信总有一些事，可以让你的左手发挥作用。你也要相信，你的自私、骄傲、不守信、计较、懒惰会在某些事情上很好地保护你、帮助你。

你既可以做 A，也可以做 -A。你可以有倾向，但不需要评判另外一种是不好的。如果你愿意做更多，可以欣赏一下自己的 -A，你会发现，这种状态下的你有时候也挺闪闪发光的。

这就是和自己和解，允许自己成为完整的人。

这时候你能体验到自己的完整带来的生命能量的流通，你是个通透的人，活出了生命力的人。你也是一个有能量、宽容、慈爱的人。你可以无条件接纳自己，也可以无条件接纳别人。你会发现别人只是跟你不同，没有好坏。你懂得了欣赏自己，也就懂得了欣赏别人。这时候你跟所有人的相处都是愉悦的。你不需要再强迫自己一定要成为什么样的人时，也不会强迫别人也成为这样的人，哪里还有什么看不惯、受不了，以及性格不合了。

自己做不到的，才会要求别人

有些人希望伴侣为自己做很多事情——希望他能够多关心我、多重视我、多肯定我、多表扬我、多陪伴我，不要指责、否定、忽视我；要及时分担家务；等等。

亲密关系的很多冲突都来自这些让人窒息的要求，因为对方做不到的时候他们就会很生气。

有些人希望伴侣成为一个优秀的人或希望找到一个优秀的伴侣——有才华、能赚钱、有担当、有颜值、有柔情、有能力、有优秀品质等。对方没有这些优秀特点的时候他们就会嫌弃。

在关系里，我们经常渴望更好的他人。我们无法爱真实的对方，只能爱我们想象中的理想的他。妈妈对孩子也是这样，妈妈无法爱真实的孩子，只爱她理想中的那个孩子，她想让孩子改变并成为的那个孩子。

人们对伴侣和理想伴侣的期待，本质上来说都是不能实现的自我——我期待自己是那样的人，我做不到，我希望你是那样的人；我自己没有却想有的东西，我期待你能有。

你期待对方能多肯定你，多看到并表达你的好，那是因为你无法肯定自己，无法表扬自己。

你对自己充满了不自信、批评、攻击，无法发现自己的优点和价值，就会期待伴侣及时帮你发现这部分。

如果你是一个自我价值感比较高、能够自我欣赏的人，你能看到自己做了什么，有什么价值，就不太会对伴侣有那样的要求。因为你相信自己做的一切即使对方不说也是能被他看到的。

你不能重视自己，总觉得自己不够重要，就会要求伴侣重视你。你总需要伴侣围着你转。你需要他把你放到第一位，把工作、亲戚、朋友等放到第二、第三、第四位，如此你才能感受到自己的重要。

你不能关心自己，不能照顾好自己，就会期待伴侣给你足够的关心和照顾。

你做不好家务，或做家务的时候不享受、不开心，而你对自己的要求就是做好家务，就会期待伴侣分担家务，要求他是个能做好家务的人，来让你省心。假如你对做家务是享受的，或者你对自己的要求不是做好家务，就不会在意他做不做家务。

假如你赚钱洒脱自如，也不会在意伴侣赚钱能力如何。只有你很需要钱，却觉得赚钱很辛苦的时候，你才会希望对方是个有能力赚钱的人，或有上进心的人。

你自己实现不了优秀，或者你实现得非常吃力，就会要求伴侣变得优秀。

你嫌弃一个人不够好，实际上是在嫌弃现在的自己不够好。你被一个人吸引，实际上就是被理想自我吸引了。

对于你没做好或不会做，想实现又不能实现的这部分自我，你会通过转移到他人身上的方式来实现，因为他实现了，似乎你就不用做了。所以你会被那些实现了你没实现的自我的人吸引。

假如你很想考名校却没考上，就会被某名校毕业的人吸引。

假如你很想健身却又坚持不了，就会被那些能坚持健身的人吸引。

假如你很想学英语却又学不会，就会被英语非常流利的人吸引。

假如你渴望自己是个有才华的人，就会被有才华的人吸引。

假如你不会照顾自己、不会做饭，就会被那些体贴细心的大厨吸引。

假如你总是否定自己，充满了对自己的挑剔，就会被那些只会说好话的人吸引。

这只不过是他们实现了你没能实现的自我，他们做到了你认为重要的事，所以你会对这样的人产生很强烈的好感，甚至认为这是爱情。

你想让某个人爱上你，也是如此简单，去发现哪些是他渴望的、重视的，你做到了，他就会对你有好感。

那些有良好的自我接纳、能把自己照顾得很好、对自己不挑剔的人，就会有这样的疑惑：我为什么要急着找对象？我为什么要结婚？我一个人可以过得很好，为什么需要另外一个人？所以可以很好地爱自己的人，他们愿意等待自己真正喜欢的人，而不会急于找对象满足自己。

因此当你喜欢一个人时，你可以问问自己，你喜欢他的什么？你会发现，你喜欢他其实是因为他拥有你想要但没有或者有了却觉得不够的。也许，你不愿意承认自己想要，因为你潜意识里不相信自己有能力得到。

我们渴望自己成为优秀、完美的人，只是有些事自己实现起来真的是太累，我们就会通过消融界限的方式来实现。我要把优秀的你划到我的界限里来，把你归为我的自我的一部分。把你感受为我，让我们成为一个整体。这样，你做到的感觉，跟我做到的感觉是一样的。我要把你变成理想的我。

你总觉得，要求另一个人为自己做，总比自己去做容易得多。

可是，你希望自己实现的部分很多，既希望自己这样，又希望自己那样，就会企图把另一个人变成具有你所有理想状态的人。他若做不到，你只有无尽的生气。或者，你企图找到一个具备所有你想要的特质的人，所以就会挑来挑去，或换来换去。

总是通过爱的名义去向别人索取是不现实的，而且还有副作用。你缺少了相应的界限，过度侵入他人的自我，会激发他人被控制的感受，使其想要反弹，推开你。

何况，他没有实现的自我呢？他对你的要求呢？所以你想要，你可以自己去获得。向别人要，终究不如自己实现来得容易。

你希望找到一个什么样的伴侣或希望伴侣成为什么样的人，就先成为这样的人。然后你会发现，其实你没那么喜欢这样的人了。

你想他为你做什么，你就先为自己做什么。然后你会发现，你没那么想去要求他了。

比如你希望找到一个能健身、英语好、做饭好的人，当你做到这些后，你对这种人就没那么大的兴趣了。当你能够重视自己、赞美自己、陪伴自己的时候，对伴侣也没有那么多要求了。

对伴侣的挑剔、要求，从本质上来说，都是对自己没有实现某种特质或能力的不接纳。你不接纳自己的时候，要么努力奋斗成为理想中的自己，要么自我接纳。

一个能够良好地进行自我接纳的人，注定是会幸福的。

100 分爱，会让伴侣窒息

在感情中，一个人如果总是需要另一个人陪，一个人总是很黏人，是很危险的。

他的爱太浓烈，浓烈到了对方几乎是他生命中的全部。

他特别能付出，特别会照顾人。他付出越多，需要也越大，对方也就越窒息。

然后，他会禁不住发出疑问：为什么我这么爱你，你都不肯陪我，不肯爱我，不肯关心我？反而还要冷漠我？

如果你爱一个人 100 分，是很危险的事情。这就意味着你要求对方也爱你 100 分：

• 工作不应该比我重要，你应该尽可能地把最少的时间花在工作上，把最多的时间花在我身上。

• 你的爸妈不应该比我重要，你应该多花精力在我身上。

• 你的朋友们不应该比我重要，你应该多花精力在我身上。

• 我不反对你交际、工作、吃喝玩乐，但是，你要多花精力在我身上。

可是一个人的精力有限，爱只有 100 分，爱工作 10 分，爱爸妈 10 分，爱哥们闺密 10 分，爱自己的兴趣爱好 10 分，他给你的就只有 60 分的爱了。

60 分的爱跟你对他 100 分的爱比起来，少得可怜。

然后，你会愤怒：为什么他不爱我，还要去找别人。

他也很愤怒：你就像个吸血鬼一样，我都快被你压迫得窒息了。

爱情、婚姻，只是生活中的一部分，每个人的权重不一样。而如果两个人的权重失衡过度，就会一个人索取过度，一个人被压迫窒息。

当然，你也可以找一个跟你一样把爱情婚姻看得100分重要的人，可是你会嫌弃他：

• 不上进。不肯花时间投入工作的人，大致都没有一颗上进心，甚至整个人都不怎么认真。

• 无聊无趣。不肯花时间在和朋友娱乐的人，大致活得都比较乏味。

• 花心。只花时间在感情上的人，在你之前，他靠什么来度过时间呢？

最后，你还是会选择那个不陪你的人。可是，你又想要他花很多精力陪你。也就是说，他既要有足够精力维系他的日常生活，又要有足够的精力陪你说话，陪你思考，陪你解决问题。

那你应该娶奥特曼回家或嫁给奥特曼。

如果你的伴侣被你压迫得窒息，是因为你把100分或接近100分的爱都投注到他身上，不肯分给别人，而他做不到把100分或接近100分的爱投注给你。

你把100分的爱都投注给一个人，同时也意味着你丧失了人格独立性。

伴侣跟你在一起，会陷入存在孤独，感觉不到跟一个完整的人在一起，更像是一个插件挂在自己身上；或像是跟一个无限索取的“保姆”在一起，你做了很多物质、现实层面的付出，然后在精神、心理、情感层面上堂而皇之地索取。

感情间可怕的事无非就是：我在现实层面照顾你，我就要求你在心理层面上回报我。

你需要爱爸妈、爱同事、爱朋友、爱陌生人，你把更多的人变成可以分担你的喜悦、忧愁、痛苦、困难的人。这样当伴侣支持不到你的时候，你还有别人支持。

不好听的词叫：备胎。

好听点的词叫：智囊团。

再好听点的词叫：社会支持系统。

一个人有较好的社会支持系统，才能够健康地处理好感情和婚姻。

做到这些，你需要放开自己。

你不需要那么强的道德感，不要有了一个人，就不跟别人来往了，或者有了一个人，其他人都成了外人。你可以有很多“自己人”，而不是只有他一个“自己人”。当然，尺度要你自己把握。

有很多“自己人”，就意味着你有了自己的小社会，有了自己的深度圈子，有了自己的小秘密，有了自己的界限，有了自己的独立人格。

人格独立的人，在亲密关系中才是持续有魅力的。

此外，你要相信自己值得。你可以被很多人爱，也可以爱很多人。当你相信你的存在就是有价值的，就不会那么在意走入人群了。

你需要走入人群，敢在人群中分享自己、敞开自己。对自己的敞开度越高，你获得的爱的体验就越多。

如果你不肯走入人群，道德感非常强，可以走入兴趣、事业、猫狗，总之，可以投注你爱的人、事、物。这时候你对伴侣的爱的需求就会相对减少，不需要 100 分。他也就有空间喘口气，看看你。

当然，朋友、闺密、兄弟、陌生人、爸妈的爱都不及伴侣，伴侣是你最重要的人。最好的爱，应该就是我爱你 60 分，最多 80 分，剩下的我想用来爱别人，爱很多人。

不敢爱很多人，就不能很好地爱一个人，那只会吞没一个人。

一个失恋的人，如果有良好的社会支持系统，就能承受痛苦，疏导痛苦，最后走出来。一个爱了 100 分的人，很容易为爱颓废、为爱自杀。

我们不是让你节制，不要太爱一个人，每个人都有100分的爱，不用完憋着是很难受的，而是让你把爱分摊给很多人。把大部分爱投给某个人，称为爱情；把小部分爱投给其他，称为兴趣、朋友等。

不要把鸡蛋放在同一个篮子里，感情也是。

我最不愿意看到的一个现象就是：你从伴侣那里得不到100分的爱，你又不肯投给他人，只有投向孩子。你对孩子100分的爱，足以吞没孩子，让孩子窒息，孩子却无力反抗。

看不见差异，就会产生冲突

在两个人的关系里会产生冲突，多数时候是因为忽略了彼此间的差异。我们错误性认为对方应该跟自己想的一样，从而做出相应的行为，然而对方却没有做出那样的行为，我们因此很生气。

想法导致行为。与其对另一个人的行为生气或受伤，不如去探究他到底有什么跟你不一样的想法，而有了你预期外的行为。

我们讲女士 Y 的一个案例。有一个周五晚上，Y 跟老公说，明天你送孩子上辅导班吧。老公说，好。第二天早上老公赖在床上不起说不去了，让 Y 去。Y 很生气，觉得老公就知道睡觉，又懒又自私，家里什么事都要自己做。考虑到孩子在场，不能当着孩子的面发火，Y 就憋住了没多说，自己去送孩子了。结果是老公睡了一早上，她生气了一早上。

这样的事还有很多，按照套路发展，这会为接下来的吵架甚至离婚埋下伏笔。幸运的是，Y 在我们的课上分享了案例，开始了她的自我成长之旅。我们对她做了很多工作。但是，这里我们只呈现她在这个事件中的部分家庭规条。

家庭规条是一个人在他的成长环境、原生家庭里学会的如何看待这个世界的法则。这些规条通常属于个人，而非全世界通用。痛苦的是，人们常常不知这是个人的，并非世界的。

两个人商量好的事情是不能变的，答应了的事就要去做

这个规条的原型就是“人一定要遵守承诺”。

家庭不是军营。如果所有的命令都要执行，所有的规矩都要做到，定好的任务就要去做，那就失去了爱情和家庭的味道。这会让人感到极度不自由、被压迫、很累、想逃。

家的意义到底是什么？

家对 Y 来说，意味着责任、义务和做事情。但是对老公来说，家是可以放松、自由安心做自己的地方。这是他们对家的定义的不同。谁对呢？

当时我们课上有同学建议：不确定能做到，就不要答应，或者不要把话说太绝。这也是一个家庭规条。

想象一下，你在跟家人说话前，先三缄其口，思考一番能不能做到，能做到的概率有多大，能做到什么程度，该使用什么语言词汇表达比较合适，想好了再说出来，那么如此这般，相处起来是什么感觉？放松吗？这还是亲密关系吗？

守信用是好的品质，僵化了就是对人的限制。我只想问：在两个人的情感婚姻生活里，一定要随时随地、24 小时、每件事、从来都必须守信用吗？

听到这个问题的时候，你会有什么感受呢？我想你和 Y 一样，觉得没那么夸张吧，偶尔不守信用一下也是可以的。那么这个偶尔是哪次呢？可以是这次吗？哪次是谁说了算呢？什么情境下可以发生呢？如果特殊情况下可以不守信用，那家庭中的特殊情况是什么时候呢？

以谁的感知为准呢？

比如在老公的世界里，昨晚没睡好，今天感觉很累起不来，很头痛，这属不属于特殊情况？比如今天你起来了我却起不来，这是不是特殊情况？他是什么原因没有起来而不想去送孩子，他有没有特殊情况？这些 Y 都没有关心过，也没有沟通过。所以那一刻 Y 是不问原因，不管青红皂白地想要老公执行诺言。

他们的成长环境不同。Y 的成长环境里，说了不去做会被骂，她形成了“人说了就要去做”的价值观。而老公的成长环境里，说了没去做是可以被原谅和宽容的，他形成了“事情可以根据情境灵活变化”的价值观。他们的世界里只有自己的经验，没有彼此的经验，所以理解不了对方不一样的存在，于是冲突发生。

他们不是故意不理解，而是根本没想到：啊，人还可以这样。

人是不能直接表达自己的需要的

Y 为什么会不问青红皂白地想要老公执行诺言呢？她自己也不想送孩子，自己也不想干，她也很累不想动，想偷懒。老公知道她的这个需求吗？通过跟 Y 的探索，我们发现老公是不知道的。

我们身边总有一些很能干的人，他们有着惊人的创造力，好像他们从来都不觉得累一样，精力无限。其实他们也很累，但是他们无法用语言来表达，行为上也让人看不出他们累。他们有自己的委屈，却不说，累了不说，苦了不说。他们没有办法让对方知道真实的自己，他们只有无休止地付出，像永动机。然后，还怪别人不体谅他们。

他们也尝试过表达自己，却不敢深入表达，一遇到不被理解就马上闭嘴。

他们长期以来给别人的印象是：精力旺盛，不觉得累；非常乐观，没有委屈；非常坚强，没有脆弱。所以他们即使说了别人也不相信，别人会觉得累、委屈、脆弱和他们这样的人根本沾不上边。

因而他们期待着自己不说，对方就能理解。

Y 就是这样的人。Y 的一个家庭规条是：人不能表达自己的需要。

为什么会这样？在这类人的经验里，从小到大，他们的委屈、脆弱、累、苦，都是不被看见的，说出来也没有人听，反而会被责怪。他们丧失了表达自我的能力，不知道人还可以表达自己的需求。

如果你说自己委屈，会有人说你“小孩子家哪那么多委屈”。如果你说自己脆弱，会有人警告你“将来走上社会没人会真正管你的”。如果你说自己累，会被说“谁不累啊”。

于是你学会了：我不能跟人掏心窝子，不能表达自己的需要，因为我是不值得被满足的。

而老公的家庭规条是：在亲密关系里，对于一些小事，谁相对有时间、有精力，谁就干。

此刻你起床了，我还起不来；你那么活蹦乱跳，我睡眼蒙眬。这时候谁该去送孩子呢？如果 Y 表现出来累得不行，或者撒个娇、示个弱，老公还会“懒得不起床”吗？

老公并不是真的不想执行，而是觉得没必要。老公表达了自己不想去，Y 却没有沟通自己也不想去的想法。

对于表达自我，Y 的世界里没有这样的经验，所以也就无法理解老公。她不知道人还可以义正词严、理所当然地说出自己的感受和需求。老公的经验里也没有需要不能表达的经验，想不到有人居然很累了却不说、不寻求帮助，所以也无法理解 Y。于是冲突产生。

你不起床就是懒惰，而人不能懒惰

Y 真的喜欢早早起来活蹦乱跳吗？有人会不喜欢懒惰吗？

实际上，懒并不存在。一个人之所以懒，是因为他感受到情境暂时不需要他勤快。每个人对于家务等事情的解决标准不同，就会有不同的行动动力。

Y 为什么会那么勤快呢？因为她在原生家庭里学会了必须勤快。如果她闲着、不起床之类的，就会有人喋喋不休，想迫使她就范，那么她也会感受到人必须勤快，不能懒惰。这个模式即使在她成年后也会跟随她，她也不允许自己放松下来。

我们应该创造一个词组，叫“不能懒惰综合征”。小时候，每当懒惰，就被骂。长大后，每当懒惰，他们就自己骂自己，陷入自责、焦虑和内疚中。

一个人没有懒惰、可以享受的经验，就会不断给自己找事情干，让自己处于忙碌的感觉里，虽然累，但是感到踏实和安全。

Y 的成长环境不允许她懒惰，所以她擅长强迫自己。但是老公的成长环境允许他懒惰，所以他擅长照顾自己。这是他们的差异，他们却看不见彼此的不同。

你这是自私的，人不应该自私

Y 真的不想照顾自己吗？谁不想对自己好点呢？这还真不好说。

Y 给老公贴了个自私的标签，然后愤怒了，因为她的家庭规条是：人不能自私。可是老公是自私的人吗？这不好论断。

Y是基于怎样的经验给老公贴了自私这个标签？——此刻你先照顾了自己，没有委屈自己强迫自己起床，没有委屈自己做承诺的事，没有读懂我的累并照顾我的累，就是自私。

实际上老公只是——我并不知道你怎么了。

我想，任何人有一个很能干的老婆，都会选择“自私”的，因为她超能干，她不累，她不是真正的需要你。

Y那天早上做的这些，正如她以往的作风一样——习惯委屈自己，满足别人。因此在Y的世界里，只要不是委屈自己满足别人，就是自私。

在Y的成长环境里就是这样，从来不允许安心地做自己，必须得先照顾父母，照顾别人，然后才能照顾自己。即使别人没有表达被照顾的需要，她也得主动去照顾别人。但是老公的成长环境里不是这样的，他可以安心做自己，他觉得当别人发出需求并且在自己有能力的基础上去照顾别人就好，如果别人不需要那就先照顾好自己。

如果这是自私，那么老公应该是允许自己适度自私的。Y却不允许自己有一点点自私。

谁对呢？

人的经验是有限的。我们的成长经验决定了我们想法的形成。每个人的成长经验都不同，也就决定了他们的想法一定会有不同。看不见两个人的不同，就会造成冲突。多去理解对方其实跟你不一样，而不是当对方跟你不一样的时候就认为他错了。这样的意识训练，会让你容易理解别人，容易处理和谐关系。

不要认为是价值观的问题，找个价值观相同的就可以解决问题了。世界上不存在两个经验完全相同的人。

因此你要反思的是你对差异的应对方式，而不是差异本身。你对差异的应对方式是指责、妥协、回避、讲道理，还是反思。

对差异的应对方式比差异本身更重要。

差异本身都是些小事、小细节，对差异的应对方式却是你人生的全部。对小事的反思，会带动你的全部人生。因为不经意间不刻意的小事，正呈现着你的应对模式，你的一生，也都是在用这种方式应对。

小事即全部。

理解别人其实是一件很容易的事。我们之所以常常不理解别人，不是不愿意，而是因为我们不知道他人的想法超出了我们的经验，这就是我们要学习，以增加新的经验的原因。

你觉得他不够爱你，是因为这是你想要的结果

要证明一个人并不爱你，简直太容易了。

你会发现他有很多做得不够好的地方。比如，你身体不舒服时对你不够关心，对你的内心想法不够敏感，你生气了不及时哄你，大部分精力都给了手机，对你的关注不够、用心不够，对你的忽视和伤害无处不在。任何做得不好的地方，都可以让你觉得他不爱你。

恰好“鸡汤文”也在告诉你：他就是不够爱你啊……

因为，一个人如果足够爱你，他就会做A、B、C、D，如果他没有做到或没有做，那么就是他不够爱你。大致意思就是，如果一个人足够爱你，他就会对你足够敏感、足够重视。

最后你会得出一个结论：拜拜，对不起，我不想爱你了。

这听起来挺让人害怕的。

每当看到类似的故事，我都替他们感到着急：你这么把他人理想化为无所不能的神，能找到那个所谓爱你的人吗？你这么挑剔，能持续稳定地保持与一个对象的关系吗？

“你要是爱我，就会……”是一种对“足够爱”的渴求，是一种对

他人的理想化。这种“足够爱”，忽视了个体的差异和局限。

有个学员曾经抱怨过老公不够爱她。故事大致是：她家里住着妈妈、老公及自己。婆婆要来了，老公说：我和我妈出去住酒店，你跟你妈在家里住。这个学员马上觉得：你怎么可以抛下我在家里。

听到这个故事的时候，我愣了几秒钟，不知道如何回应。我想，让老公照顾到她这个细微的感受，真是在难为老公。她是想让老公和她出去住，让两个老人在家住，还是让婆婆自己出去住，或是让她妈自己出去住？

很多时候，我们都在无意间这样为难着另外一个人。

你一生气，他就得放下自己的生气、疲惫、事情，马上来哄你。你要知道，生气通常是两个人都在生气。这对他来说，意味着他要马上走出自己的世界并迅速进入你的世界。可是，一个人只有在处理好自己情绪的前提下，才有能力去处理别人的情绪。

曾经有个姑娘抱怨自己病了男友也不关心，生理期男友也不关心，对她表现得非常冷淡。可是要男友关心你的身体，前提是他得有关心自己身体的能力。如果他平时喝酒喝到胃痛也习惯忍，感冒发烧也会坚持上班，他毫无照顾自己身体的经验和能力，对自己的身体状态不够敏感，就没有能力对你的身体感受敏感，只会觉得你小题大做、无理取闹。

一个人足够爱另一个人的前提是，他有能力足够爱自己。他有照顾自己的身体和情绪的能力，才有照顾他人的能力。他对自己有多细致，对别人才会有多细致。一个人对自己内心的想法敏感，才能对别人的想法敏感。一个人连对自己都做不到的事，对另一个人做到无疑是困难的。

我并不是为这些人开脱。

那些抱怨的人说得对，那些忽视、冷漠、不哄、不关心的行为，的确是一种不爱。情人节忘了送花，的确是不爱。回家看手机而不看人，的确是不爱。生病了不被当回事，的确是不爱。任何解释都没有意义，这的的确确是不够爱的行为和有力的证据。

有这么多的不爱，然后呢？就要放弃吗？

离开又有些不舍得，说他完全不爱你，你也说服不了自己。你又能找到很多爱的证据。他带来的那些感动、那些温暖、那些快乐，又细细流过心田，真实存在。你说他什么都没做，一点都不关心你，似乎也有点不公平。

一个人跟另一个人在一起，一定是这样的：有很多爱的行为，也有很多不爱的行为。跟足够爱比起来，是不爱的。跟一点不爱比起来，又是爱的。

所以你要证明他爱你很容易，要证明他不爱你也很容易。你的眼睛在哪儿，就会发现哪部分。从不同的角度出发，你完全可以得到不同的结论，然而你会自动得出并且只能得出一个结论。

这时候你可以注意一下：你发现的部分，其实就是你潜意识里想发现的；你得到的结论，其实就是你潜意识里想得到的。

也就是说，你觉得他不够爱你，其实是因为这是你自己想要的结果。那么问题就成了：你是想证明他不爱你，所以发现了很多不爱的证据，盯着不爱的部分，忽视爱的部分。

可见，**并不是他不爱你，你才抱怨，而是你想证明他不爱，你就寻找了证据。**

在心理学里，这叫强迫性重复。也就是你会无意识间勾引现实、选择现实、创造现实，以让自己重复体验早年经常有的感觉。具体来说就是，你内心深处装着一个“我不值得被爱”的念头，所以要反复在现实中体验没有人真正爱你、你遇到的人总是不够爱你。

因为你小时候体验到的是，自己不是最重要的那个，自己不是足够被爱的那个。你小时候缺失的部分，长大后就想补偿。你想通过期待“足够爱我”，来填满内心的空洞，然而依然无法实现。

这就是人的一生不断重复的规律：

• 长大后，会选择性地发现、勾引、创造现实，以重复体验小时候的感觉。

• 会发展出过度补偿的行为，尝试填补小时候的缺失。

无论你怎么做，都必然会在某种程度上经历着自己不被爱。因为没有人能够敏感体贴、无微不至地爱你。

你需要想明白的是：你想跟他在一起吗？

两个人之间，不会有 100 分足够的爱。正常的关系中，都会有些行为是爱的，有些行为是不爱的。然后我们在这样的关系里欣喜着、感动着，也失望着、伤心着，有时候想放弃，有时候又很珍惜。磕磕绊绊、缝缝补补、纠结挣扎，这就是正常的关系。

所有关系都要经历这样的纠结、反复。

你可以去评估他爱你的部分和不爱你的部分。如果一个人爱你有 60 分，也就是每 10 件事，他有 6 件事是爱你的，4 件事是不爱你的，那就已经是真爱了。他带给你的伤害也有，感动也有。如果带给你的伤害不及感动多，那也已经是很爱了。

对于他人和爱情，都不要太过苛刻。

当你感到不被爱的时候，别急着放弃，转身问问自己：除却他不爱你这个因素，你想跟他在一起吗？如果想，你愿意为你们之间的关系做出点努力吗？

如果两个答案都是肯定的，那你可以试着去做两件事情。

第一，发现爱。

你发现爱的行为越多，体验到的爱就越多。你发现不爱的行为越多，体验到的爱就越少。他被正向回馈后，就会付出更多。这样就会进入正向循环。爱，其实是可以被引导出来的。我们做了一些事情被看见后，本能就会想做更多。

第二，创造爱。

你希望对方怎么对你，其实你可以教会他。你要知道，他之所以不会在某方面对你付出，是因为他没有相关经验，不会对自己做，也不会对你做。因此你要先为他做，让他体验到被满足的感觉，他才能慢慢学会。

比如，他忽视自己的身体冷暖，你并不只是简单照顾好他的身体冷暖就行，而是要让他意识到身体冷暖很重要，他的需要也正在被照顾。

除了总是在选择爱你的人，让眼前人爱你也是一条出路。

你要相信，爱是可以培养的。

更重要的是，你要接纳这样一个事实：这个世界上，几乎没有人足够爱你，没有人能给你 100 分的爱。

第五章

要自己太快改变，无异于对自己使用暴力

心灵陷阱：我们是如何证明自己不够好的

K是个好姑娘，在我们看来，人长得美，优秀，又不骄傲、不张扬。重要的是，还单身，想想就替K感到惋惜。

K知道自己喜欢什么样的人：有趣、阳光、好玩、走南闯北、外向。我见过很多不知道自己想要什么的人找不到对象，像K这种知道自己要什么的人却找不到对象，还是很少见的。

K说符合自己标准的男生也遇到过很多，但是她不敢去追求。

我问K："你怕什么。"

她说："怕被拒绝，怕自己hold不住。那样的男人太优秀，很容易拒绝我。即使没拒绝，在一起后他也会慢慢发现我特无聊而嫌弃我。"

我说："别人拒绝你是多么正常的事。为什么拒绝对你来说这么可怕呢？拒绝对你来说意味着什么呢？"

K说："被拒绝就意味着我不够好，我很糟糕。"

K被拒绝的时候很难受，因为她觉得自己不够好。即使跟对方在一起K也很难受，因为她随时都怕对方看到自己的不好而被嫌弃，觉得自己配不上人家。

我建议她：那么多人喜欢你，就从中挑一个呗。

K又说，那些敢于追求她的，她配得上的，她又看不上。K总觉得，跟一个比自己差的人在一起，像是没人要了不得不凑合一样，这更显得自己很差劲。

总之，配得上的，配不上的，在一起，不在一起，K 各种担心的背后，非常统一：因为我不够好，所以……

K 也尝试过跟差不多的男生交往。

K 说她很作，特别容易生气。每当别人不满足她的时候，她就生气。历任男友都是觉得她控制欲强而离开了她。为此 K 很自责，她也知道自己这样很作，却控制不住。

我们帮 K 探索了她的潜意识，发现生气只是 K 的表面。别人不满足她，是件很正常的事情，为什么 K 会很生气呢？

通过探索发现，K 的潜意识里有三个信念：

- 别人不满足我，是因为我不够好。
- 我不好了别人就要抛弃我。
- 你要抛弃我了，我就要使劲抓住你。

K 在不被对方满足的时候，很容易体验到自己被抛弃。K 怕极了，所以要抓住对方，越抓不住越使劲，看起来就是作。

作，只是因为太怕失去而想抓住另外一个人。而**太怕失去，其实是一种不敢拥有。**不敢相信自己真的能拥有，才会怕失去。想象一下，你跟一个人在一起，你总是在担忧他可能会离开你，你还有心思享受跟他在一起的一切吗？

因此我判断，即使对 K 很好的男生，K 也不敢享受他们的好。所以我问 K：“假如你接受了这些对你很好的男生的好，会有什么感觉？”

K 说：“很烦，他们的好都是有要求的，我满足不了他们。”所以 K 有一个信念“别人的好都是有条件的”。

我说：“这种感觉就像是别人请你吃一顿，你就要以身相许似的。”

K 说：“是啊，所以我从来不让男生请我吃饭。”

我“呵呵”了一下，还真连一顿饭都不敢接受。我调侃她：“你可以接受一顿饭啊，然后吃饭的时候说，你是个好人但我们不合适，拒绝做人家女朋友就好了。何况，人家很多时候只是单纯地想请你吃顿饭而已。”

然后 K 开始了自己的逻辑，她说：“不行。接受别人的好，就要回报他，接受他这个人。可是我不想回报他，不想接受他，所以不能接受这顿饭。如果接受了这顿饭，却没有接受他或回报他，就会伤害了他，那他就会伤心。别人因为我而伤心，我就会自责，觉得自己不够好。最好的办法就是不要接受他的好，这样就不会伤害他了。”

总之，对 K 来说，别人不对她好，是因为她不够好；别人对她好，也是因为她不够好。

后来我们又探索了 K 为什么那么喜欢外向、有趣、敢到处闯闯的人。

我们喜欢一个人，通常是因为这个人拥有了自己想有而没有的特质。我们喜欢特质 A，觉得 A 好，就很容易讨厌自己的 -A，觉得自己不够好。我猜测 K 也是这样的。

在探索中，K 看到了自己很嫌弃自己的内向。她说，在人际关系中，总是希望别人能主动发起话题，而自己没有这个能力。所以特别怕跟一个不会说话的人在一起，那会非常尴尬。但是跟一个外向的人在一起，就会感觉很舒服。K觉得内向非常不好，会被人嫌弃。

K总觉得自己现状不好，做的工作过于轻松，很是无聊。想换工作又没有勇气，所以很是羡慕那些勇敢而有趣的人。K觉得，自己这么无聊的生活，这颗求稳定的心，自己都讨厌，会很不被人喜欢。

K说了很多嫌弃自己的地方，觉得：

• 内向，代表了自己不够好，不活泼有趣。

• 有一份稳定的工作，代表了自己不够好，没有创意和勇气。

对K来说，她自己都没有发现这个规律：凡是自己没有的，很多都是好的；凡是自己有的，都是不好的。

我以为我能找出K的优点来，因为她很认真。

过程中，我每说一句话，K就迅速地记下来。这个动作像是我在宣旨一样，让我很焦虑。我也就知道了K很焦虑。

我问她："为什么要记呢？"

K说："怕忘了，那今晚的案例就白做了。"

为了能最大化地吸收，她会记录很多。一晚上没有收获，就代表案例白做了。她会责怪自己，觉得自己很失败，没有效率，不够配合，等等。总之，她不会觉得是咨询师不够专业，而会觉得是自己不够好。

对于上课来说，用心感受的收获，是远远大于记下一串笔记的。K通过拼命记笔记的方式，极大地缓解了她的焦虑。通过这件事，可以泛化到她的生活里也有很多类似的焦虑。

担心自己做得不够好，担心自己失败。

期待自己绝对优秀，包括有优秀的特质、工作、业绩等。

期待自己做事情就绝对做好，一次做不好就焦虑自责。

对 K 来说，做得好的时候是不会表扬自己的，因为那是正常的、侥幸的。某件事情做得不够好，就代表自己不够好。

因此 K 的人生，就活得很拧巴。

别人对她好与不好，满足或拒绝她，K 都能从多维度来证明那是因为自己不够好，很糟糕。

她自己做了或没做什么，拥有或没拥有什么，K 也能从多维度来证明那是因为自己不够好，很糟糕。

你给她个竿，她就能爬到“我不够好”这个位点上，完全不顾别人怎么想的，客观事实是什么。

现实是，有人觉得 K 好，有人觉得 K 不好——每个人的周围都是这样的。但是 K 只能证明自己不够好。K 的惯性归因就是如此，直到归因到“我不够好”这个位点上，才觉得熟悉和踏实。因为她心里装着“我不够好”，就总是要去证明它。

我给了 K 一个公式：

X= 我很糟糕（X 代表任意值）

也就是说，K 的生活使命，就是要证明自己很糟糕。

这种感觉太熟悉了，以至于不去觉察，就会一直重复。

我们探索了K的原生家庭。K的故事，让在场的每位同学都感觉到惊心动魄，毛骨悚然。从小时候开始，妈妈常对她说的话就是：小贱货，白养你了，白眼狼，这也不好那也不好……

记忆驶回去的时候，K第一次看到了真实的自己。在如此被否定的环境下长大，人就是会唯唯诺诺地等待着审判的到来，总感觉有人随时在审判你：你就是不够好啊，都是因为你不够好啊！

这种等待被审判的感觉太糟糕了，还不如自己早早承认：是啊，我就是不够好。有预期的惩罚，比没预期的惩罚要好接受多了。

我们都为K感动，在如此环境下，K都坚强地活了下来，活到了今天。最后，我们陪着K一起成长了一次。

一切都结束了。

现实中，那个伤害你的人已经走开了。你已经长大了。没有人再有权利评判你好不好，没有人再能决定你什么。他人有言论权，而你自己拥有决定权。

你可以睁开眼看看，让自己活过来。你要自己去判断，并不是所有的发生，都代表你不够好。即使有时候你不好，也是可以的，也没关系的。

我们把这叫作，让自己重新出生一次。

不敢拒绝，是一种对自己的看不起

我们之所以难以拒绝别人，是因为拒绝常常会伴随着内疚。而我们无法承受这份内疚，所以宁愿委屈自己，以缓解自己的内疚。

委屈自己和内疚之间，人会惯性地选择痛苦相对较小的那个，这是潜意识对自己的保护。

无法拒绝别人，其实就是选择回避内疚。

比如，春节来了，你妈逼婚了吗？各种应酬来了，去还是不去？

别人请你帮个忙，你可以做但就是有点不情愿。被借钱不能拒绝但又各种担心。还有就是爸爸妈妈对你的各种要求……

拒绝必然会带着伤害，因为拒绝就是一种对他人的推开。无论你怎么强调对事不对人，即使你只是拒绝一件事，被拒绝者不可避免地会体验到“你在拒绝我这个人，你在推开我，我整个人都不好了”。因为每个人都多少有被抛弃的创伤和与他人融合的需求。创伤和需求越强，受伤感就会越强。

而让别人失望你又会内疚。为了防御这种内疚，你开始各种忍，各种委屈自己、为难自己，以满足别人。

我们无法拒绝别人的时候，潜意识里发生了什么呢?

你愿意为他人做点什么，是你的善良，是你的爱。这份善良里，有两根停止线，到达某根线你才愿意停止下来。

一根停止线是：以你的满意为准。

一根停止线是：以我的实际能力为准。

一个无法拒绝别人的人，是这样的。

他在潜意识里给自己设定了一个目标：我做的事情，要以他人的满意为准。只要他人还没满意，我就要去努力满足他。不然我就会内疚，然后这种内疚里又夹杂着“你怎么这么过分”的愤怒。比如他人约我去吃饭，去还是不去？不去他不满意，去了我很累。我的累算什么，还是先让他满意吧。

无法拒绝，实际上就是这样一种状态：直到你满意，或者我累死，我才罢休。我好不好，无关紧要。

听起来让我感觉有种“春蚕到死丝方尽，蜡炬成灰泪始干”的悲壮感。要是你还没满意、你还不开心、你还不愿意，我的内疚感就会推着我动起来；不然内疚就会替你来惩罚我，让我不得安生。

不能拒绝别人，也就是：别人是多么重要，自己是多么不重要——这是多么看不起自己啊。

一个能正常拒绝的人，应该是这样的。

他在潜意识里设置的目标是：如果你的需求在我的能力范围内，

我愿意无条件满足你；如果你的需求在我的能力范围外，我愿意在能力范围内满足你一部分，而不会透支自己满足你所有要求。

无法满足的部分，我想先照顾自己，拒绝你。

我的能力不是我得透支自己，而是在我们的关系、情境、爱、意愿等综合环境下我愿意竭尽所能的部分。

这是比较健康的爱。这种爱里，没有委屈、没有牺牲。

比如说老板安排了200个工作指标。而你正常的能力上限是100个，你偷懒、磨洋工的产出是50个，你熬夜、透支、疯狂工作后的结果是150个。你会怎么选择呢?

如果你无法拒绝老板，就会透支自己的能力，努力实现老板的目标，以让老板满意。如果你爱自己也爱老板，就会产出100个，平凡度日，稳步上升。如果你爱自己不爱老板，就是50个了，然后收到一张辞退书。

对于他人的需求，一种比较健康的状态是：在满足他人的时候，尽己所能问心无愧就好，而非超己所能让他满意。

能够拒绝别人，也就是：你固然重要，我也很重要，两者不冲突的时候我愿意照顾你，两者冲突的时候，我先以自己为主吧。

这就是爱自己。

如果你以自己能力为上限，必然面对着别人的受伤、不满意、生气、失望。一个成熟的人，应该有的基本特点之一就是知道界限。

知道界限不是一定要恪守界限，恪守界限会给人死板的感觉。知道界限在哪里，然后选择恪守或者适度打破。

别人对你有期待，是别人的事情。你满足不了他，他有情绪，是他的事情。你可以照顾他的情绪，但是期待和情绪依然是他自己的事情。本质上来说，都得他自己负责。你可以替他负责，但是你要知道你是在替他负属于他的责任，你在越界。

比如，妈妈逼婚，这就是越界。你嫁还是不嫁？嫁吧，你委屈。不嫁吧，她失望。她有期待，有情绪，你要不要照顾呢？照顾，就是超你所能。不照顾而只安抚，就是尽你所能。

每个人最终只能为自己的期待和情绪负责。

长大的过程，就是学会尊重别人的失望。我们可以因为爱而努力去为他人的情绪负责，不让他体验到失望，但终不能永远为他负责。

这就是尽我所能问心无愧，而非超我所能让你满意。

尽我所能的好处就是保护好了自己。这时候我们的付出是自愿的，没有牺牲的。我们有能力和精力在下次继续做更多。

如果超我所能地付出，就会对对方有需要、索取和怨恨。这份恨会破坏两个人的关系。

比如，妈妈在牺牲自己爱孩子。她就会对孩子有很多隐性的要求，孩子不满足妈妈，不照顾、不感恩、不重视妈妈的时候，妈妈就会有养了“白眼狼”的怨恨。这会让孩子感受到不回报妈妈就是对不起她，回报妈妈又觉得压力很大，陷入两难。这种两难又会泛化到社会关系中：不满足别人就会内疚，满足别人又压力大。

尽我所能而非超我所能，不仅是爱自己，更是爱他人。这样的爱是持续的、没有索取和压力的。

更深层次一点，就是人的潜意识里有一种担忧：如果我让别人失望了，让别人不开心了，就意味着我不是个好人，别人就会不喜欢我，会抛弃我。

所以不敢拒绝的人，是不敢享受的，一定要把自己搞得很苦才有付出感，有付出感才觉得安全；一旦享受了，就像自己自私不付出一样。

这个逻辑，如果深入思考就会发现它是不合情理的。你把他人想得过于脆弱，把关系想得过于脆弱，也把自己的破坏力想得过于强大了。好像别人不被你满足，就会活不下去一样。而且，你哪有那么不值得被爱？

一个能留下来的员工，一定是敢于跟老板说“对不起，我努力了却没完成”的。只有你看不到自己价值的时候，才会担心这次不满足老板会有什么后果，然后拼命。一个超我所能满足老板的员工，会有两种结局：要么我走，要么我亡。

一个不敢拒绝的人，不相信自己即使拒绝了别人，依然有很多点闪闪发光，值得被爱，好像自己只有“满足别人”这一个值得被别人爱的点。

不敢拒绝的另外一层意思是：我太不值得被爱了，因此我得赶紧巴结你，好让你爱我。

不敢拒绝，是一种对自己的看不起。

你需要知道，你无意间已经满足别人太多了。这次即使不满足别人，你也是值得被爱的。

健康的拒绝，不是全部接受或全部拒绝，而是接受能力范围内的部分，拒绝能力范围外的部分。

烦躁，是因为我们不能接纳自己的无能

我特别容易感觉烦躁。比如我在做一件事情的时候，觉得事不难，但如果一次做不好，两次做不好，第三次就感觉要疯了。继而会转化成自责。

是的。我对自己非常没有耐心。挫败的时候，我常常容易烦躁和自责。

我对别人也是如此。我交代别人做一件事，一次做不好，两次没听见，三次还没改，我就会赠送他一声河东狮吼，男版的。

我在跟别人交流的时候也是这样，当他听不懂或听不进去时，我分分钟就不耐烦了，没有耐心再重复一遍。我和我妈交流的时候更是如此。

我也接待过几个把我逼疯了的来访者。他们就是那种怎么说都听不懂、怎么矫正都还那么想、说了一百遍还不改的人。我对自己也很生气，也觉得挫败，都给他们咨询这么久了他们怎么还是老样子。

后来，在我的咨询师那里处理了很多我的问题，我才慢慢对他们有了耐心。

我遇挫的时候会习惯性地在内心里骂骂自己，骂骂他人：你怎么这么笨，你为什么这么不好，你不应该这么差劲！！

我发现我的很多学员在课里都暴露过这样一种状态：当他们发现自己一个不好的时候，就想立刻改掉；当他们发现自己又跟以前一样没有变化的时候，就开始骂自己。

他们在生活中也是如此，比如没管住嘴没迈开腿，减肥失败，比如没忍住在家看了一天电视剧，比如边骂着自己边堕落着。他们对自己充满了自责和烦躁不安。

这时候，我会对他们说：亲爱的，没关系，慢慢来。

我们常常对自己没有耐心。

我们有时候说话特别快，特别希望在短时间内传递出大量信息；我们有时候做事特别着急，想用最短的时间把事情做好；我们有时候把工作量安排得很大，想完成很多事情。结果就是，我们神经越来越衰弱，脾气越来越不好。易激惹，易烦躁。

在这种状态下，一件不如意的事，一句不如意的话，一个不如意的人，都会让我们暴跳如雷，更加烦躁。

我们的生活像是走在钢丝绳上一样，必须小心翼翼。我们对失控的承受能力非常低，恨不得所有的事情都在自己的安全掌控范围之内。

如果我们愿意停下来看看这些烦躁，会感受到内心深处有着深深的、没被正视过的渴望：

- 做一次就要做好，次数越多越烦躁。
- 在最短的时间内把事情做好，时间越拉长越烦躁。
- 在有限的时间内把事情都做完，做不完就烦躁。

……

我们偶尔做好的时候难以体验到信心和愉悦，而一旦做不到就难以接受。

我们对自己特别贪婪却不自知。我们总过分相信自己的能力，觉得应该能做好的为什么却没做好，对自己生气，也对别人生气。

我们似乎特别难以接受那个不完美的自己，那个没有能力的自己，那个笨笨的做不好的自己，那个明明做了好几遍却还是不行的自己。其实这些背后，都是对自己有着极其苛刻的要求：你不能这么无能啊，你不能这么笨啊；你应该做到，做好啊。

烦躁，终究是因为我们不能接纳自己的无能。

我们不愿意承认自己无能，就选择用烦躁来填充它。烦躁还像是在说：你去尝试啊，你再去尝试啊。

然后我们要求自己一遍遍更加迅速地尝试，要求更高，然后更失败。

然后放弃。

然后我们又骂自己，为什么半途而废。

我们不想骂自己的时候，就给自己贴一个标签：我是个容易半途而废的人。我们让自己成为某种不可改变的人，就可以找到不再去尝试的理由。

实际上，无能并不是稳定值。此刻我是无能的，但我可以通过学习、思考、找资源等方法来让自己变得有能力起来。只有当我们不能面对自己无能的时候，才会急着聚焦于结果而忘记事情本身，因而也难以发展能力来真正解决问题。

排斥自己的无能，就会阻碍自己变得有能力。

我们为什么对自己如此没有耐心，不愿意多给自己一次机会，静静地去尝试；不愿意给自己多一点时间，慢慢来；不愿意在第一次失败的时候，跟自己说一句“没关系”？

因为我们的无能从来没有被允许过。

因为我们从来没有被耐心地对待过。

因为从来没有人跟我们说过“没关系”。

而这些，从我们很小很小的时候就开始了。

第一次学走路，摔倒了，妈妈会说“你怎么这么笨”，而不是说“没关系，我陪着你再来一次”。我们在战战兢兢中学会走路，一次都不敢摔倒。

第一次学吃饭，饭粒掉地上了，妈妈会说“你怎么回事，说了你多少遍了”，而不会说“没关系，筷子这样拿会好些”。从此，我们难以允许自己吃饭不端庄。

第一次考试，题目做错了，不会有人说“没关系”，而是说“这么简单都不会，你怎么这么笨”。后来每次考试都这样，从此我们难以允许自己犯任何简单的错。

从第一次犯错误开始，我们得到的往往都是批评，是“你不应该”，而不是“没关系”。然后，我们的潜意识里就学会了：

• 你做，一次就要做好。

• 绝不允许做不好，决不允许犯错误，犯错误决不能被原谅。

• 更不会有人陪你一起改，也不允许你慢慢改，你自己在被鞭策的环境里，最好一下子全改掉。

• 一次无能都不行。那是不被接受的。

然后，我们内化了早年严格的妈妈形象，成为对自己严格的要求。我们如此忠诚于妈妈，以至于她教我们的，我们要在离开她以后，还认真去执行：一次就做好。她当年对我们的“你怎么这么笨”的评价，我们也内化到心里去，日夜苦练，不敢忘怀：是的，我很笨。

随着我们长大，也没人跟我们说：

• 你本来就很好。

• 你做不好是可以的，没关系。

• 你如果真的很想做好，那慢慢来，我陪你。

我为自己感到幸运，因为我遇到了心理学，遇到了很多老师跟我说“没关系”，他们也教会了我跟自己说“没关系”。我也为我的学员感到幸运，他们从我的课堂里学会了“没关系，慢慢来”。

从来没有一个心理问题的改善是一蹴而就的。慢慢改善，才是人的身体和心理的发展规律。

我相信未来会来，所以我愿意等待。

我知道此刻我可能无能，可能不好。我可以跟这样一个自己待着，不需要急着抗拒这种状态，不需要急着证明自己可以，不需要即刻满足，因为我相信未来。

等待是延迟满足的美丽。

我不需要那么急切地即刻满足，因为我可以相信整个世界都是我的。我相信当我需要的时候，我可以到达。我会花一些时间，花一些精力，但我终将会得到。

我不怕失控，不怕失败，我敢于放手让所有事物和人都失控，因为我愿意相信自己和这个世界的美好。

我可以失败，可以做不好。我知道那是被允许的，那也是被爱的。因为我学会了跟自己说“此刻无能，没人懂你，都没关系，慢慢来”。

别人没听懂我的话，没做到我的要求，我也学会了跟他说“没关系，慢慢来”。

我相信世界和自己终究会美好起来。

万一没有那怎么办呢？那又怎样，那个有些无能的自己，我也爱。

抱怨，是愿意敞开自己、表达自己的不舒服

你喜欢抱怨吗？你喜欢抱怨的人吗？

如若你不喜欢，那你见过从不抱怨的人吗？没有吧，那你应该是不喜欢天下人了。想想怪可怜的，你居然抱怨了天下人的爱抱怨。

我想，上帝创造了抱怨，并且让它在人间大行其道，无数人为之竞相折腰，应该是有它的意义的。

我经常听到这样的抱怨：抱怨有什么用啊？又不解决现实问题。也有人诚惶诚恐地告诫世人：不要成为祥林嫂那样爱抱怨的人。所以他们想抱怨的时候，就选择一忍再忍，直到忍出了内伤。

每当这时候，我都想问：你懂什么叫抱怨?!

抱怨没有用？

只有能解决现实问题的用处才叫有用？其他的用处就不叫有用了？难道人活着就是为解决现实问题的？难道人生的全部是为了解决现实问题？

那我很想问：你到底是个工作机器还是个人啊？输入指令，解决一个现实问题，再输入指令，再解决一个现实问题，如此重复，直到

死去。毫无人情味，活得真是现实，无趣。

一个人如果没有了生命活力，会变得越来越无趣。这样的人生，只注重有没有现实用处，不会考虑情感情绪。

抱怨对于解决现实问题也许作用并不是很大，但对于情感意义来说还是非常大的。窃以为，人世间没有什么比抱怨更能让人神清气爽愉悦到骨头里的事了。

抱怨，简直是人间一大乐事。这种快乐你一定无数次体验过。如果你不喜欢“抱怨”这个词，我们就换成“吐槽”。

吐槽，难道不是人间一大乐事吗？假如人间没有了吐槽，假如人人倡导“不吐槽的世界”，那么……后果简直不敢想象。

吐槽的快乐，可以舒缓情绪，释放心事，回转心情，进而可以延年益寿。我想这样的用处应该不比有什么物质现实的用处差吧。

除了关注事情怎么做，我们还可以关注自己现在的情绪爽不爽。前者，我们接受了很多教育，后者，却是很多人内心深处都不敢想的事情。

老板不让你抱怨就罢了，毕竟你们的关系只有事情。可是恋人、朋友跟你说不要抱怨，是什么意思？如果你爱的人跟你诉苦，你却告诉他不要抱怨，他一定会憋出内伤的……

我们要求自己和别人不抱怨的时候，实际上是我们太功利主义了，眼里只有物质现实，没有情绪情感。

抱怨会伤害关系？可是，生活经验告诉我们，有时候抱怨会增进关系。你可以回味一下你的生活：

一个人从来不吐槽公司那点破事，一心爱公司如爱家，要么认真工作，要么说话三缄其口，从不抱怨，满满正能量，看起来情商很高的样子；一个人会偶尔抱怨吐槽一下公司、老板、隔壁王阿姨那点破事。你会跟哪个人关系好点呢？你会喜欢跟哪个人做朋友呢？

真正的友谊，很多时候不是靠正义和清高来完成的，而是靠彼此的小秘密来连接的。我们交换了秘密，是有被别人利用伤害的危险，但是也可能彼此间敞开心扉，关系更紧密。如果你怕别人利用你、伤害你而不敢吐露内心的邪恶，就像是你怕噎死所以每次吃饭都无比谨慎一样。能共享彼此内心“邪恶”和秘密的关系，往往要比只共享正义和目标的关系亲近多了。

抱怨，就是愿意敞开自己，愿意表达自己的不舒服。

抱怨，只是在表达我的不开心。如果我的不开心不能向你表达，我们之间还有情感可言吗？如果我不能向你抱怨，你到底是我的领导，还是我爱的人啊？当然，如果彼此之间本来就只有事情没有情感，那还是不要抱怨了，只做事情就好。

适度抱怨，会让你更加真实，让关系更亲近。因为懂得抱怨的人，才是食人间烟火的人，不至于飘到天上去。

我们为什么看不得别人抱怨的样子，不喜欢抱怨呢？因为我们内心的偏见和自己的愚笨。

先说偏见。当你内心产生了一个评判“抱怨是不好的”，就会这样来要求自己，禁止不好的自己出现。你同时也会用此来评判别人，要求不好的别人不要出现。我们不接纳自己的抱怨，就会投射性地认为别人也不喜欢他自己的抱怨。

再说愚笨。别人偶尔的吐槽，我们是不反感并且有时候还非常愿意听的。爱人诉苦，我们倾听他的情绪发泄，他会被安慰。我们爱一个人，如果没有能力帮他解决现实性问题，那么帮他处理情绪也是非常有用的。

倾听，有时候比说话和做事情更能安慰与帮助人。

我们是否愿意倾听他人的吐槽和诉苦，主要取决于自己的承受能力。因为这的确是别人在倒情绪垃圾。如果我们有足够的消化能力，就非常愿意听别人吐槽、诉苦；如果我们自身是负能量满满，无法承载更多，又不愿意得罪别人，那就只好使出下下策：教育。

对不起，我承载不了你的情绪，又没有能力拒绝你，所以我就教育一下你，让你停止。因为圣贤书和某些心理学家说了：抱怨是没用的，人是不能抱怨的……

“抱怨是没用的”这种说法，有时候只是在掩饰自己没有能力承载别人的情绪，没有能力爱别人。

是啊，抱怨不好。

在超出对方承受能力还不停止时，抱怨是不好的。这才叫“祥林嫂”，不顾情境和对方的承受能力，一味地陶醉在自己的世界里抱怨着，的确让人心烦讨厌。

如果我很想了解你的不开心，你却不愿意把你的不开心告诉我。这也会让我觉得你很高冷，不爱我。

那些怕自己一抱怨就成为“祥林嫂”的人是犯了非黑即白的错误。

世间事，本身没有好坏对错，万物都在于度。适度就是解药，过度就是毒药。适度的就是好的，过度或不足就有点不好了。抱怨亦然。适度的抱怨是利于情绪缓解、爱的流动、人际建设的。不抱怨或过度抱怨，则是冷漠和令人厌烦的。

而度的标准，就是情境，就是当下。在当下情境合适的，就是适度的。怎么把握度，得好好学习。

总之，小怨怡情，大怨伤身，适度就好。

在合适的情境下，在能承受的人面前吐槽一下更健康。

别再跟我说抱怨没什么用了。

孤独，是因为内心没有爱

明明身边有爱人，明明有很多朋友，明明家庭和谐，却经常感觉自己没有人爱，陷入自怨自艾里。

有时候觉得孤独就像是魔鬼，诅咒着自己的心灵。在某个夜晚降临的时候，看着无边的深夜，感觉自己孑然一身，生无所恋。有时候在下班后的公交车上，看着华灯初上，就好像疲惫的身躯跟自己没有关系一样。有时候虽然身边有很多人，甚至最爱的人就在身边酣然入睡，依然能体验到一种不可自拔的孤独，不知自己到底身在何方。

我们想着有人陪，然而真的有人陪的人，其实也一样会孤独。单身的人会孤独，已婚的人一样也会孤独。无聊的人会孤独，忙碌的人一样也会孤独。在夜空下会孤独，在阳光里一样也会孤独。

孤独，总是会在某一瞬间显现，击碎了我们的灵魂。有人赞美，有人想逃。

只是，人为什么会孤独呢？

孤独，通俗上的理解是一种没人陪的状态。这种没人陪，不是物理上的没人陪，而是心理上的没人陪。即使你身边有一个人甚至一群人，只要那一刻这个人或这群人没有住在你心里，没有跟你产生连接，你就会觉得孤独。他们越是欢乐，越是能衬托出你的孤独。

如果你心里装着一个人，就不会孤独。也许他在远方，但是每当你想起他，心里就会升起温暖与力量；也许他已不在人世，但是每当你想起他，依然感觉他时刻伴随在你左右；也许他就像一个宠物，只要你挂念他，就不会觉得孤独；也许他就像一个毛绒玩具，当你抱着他赋予他生命含义的时候，你也不会觉得孤独。

甚至，你挂念的可能是工作，可能是某一件事，可能是一个梦想，你都不会觉得孤独。我经常一个人在家工作，全世界与我无关，那享受不可言语。

当你心里有其他客体陪着的时候，你就不会孤独。孤独，实际上是那一刻你没有跟其他客体产生连接，世界上只剩下你自己。

没有客体，是因为没有爱——没有输出爱，也没有接收到爱。

那一刻你没有爱他人，你的内心没有输出爱。那一刻你不想去关心他人，不想去问他现在过得怎么样，更不想知道他在想什么。那一刻你没有梦想也不爱事业，不爱明天、太阳与远方。那一刻你没有爱，所以孤独。

爱无能的人，最孤独。时而爱无能的人，时而孤独。

那一刻也没有爱进来。或者说，那一刻你没有感受到来自世界和他人的爱，你坚实地感受到自己是不被爱的。因此你体验不到感动、温暖和动容。那一刻你只有你自己。

陌生人和我，太阳和雨滴，伴侣和老板，都有关心着你，然而你都感觉不到。你封闭了心，爱和阳光就都进不来。

孤独，是因为内心没有爱。

也许你会说，我与你素不相识，何来对你之爱；老板想的都是利益，何来对你之爱；太阳只管自己发光发热，何来对你之爱；伴侣只有在你付出后才肯对你好，何来对你之爱。所以，你得出结论：这个世界没人爱我，我也不会去爱任何人。

那么，你到底是不是正在被这个世界爱着呢？

实际上，这取决于你体验到的爱到底是多少。前文我们提到过一个公式：

爱的体验 = 对方的实际付出 − 你的主观需求

这是简单的版本，复杂版本要结合你的吸收能力、表达能力综合作用的结果。你是否能体验到来自他人和世界的爱，主要取决于两个因素：对方的实际付出、你的主观需求。

当他人给予你的爱大于你的需求，你就体验到了被爱。当你的需求大于他人给予的量，你就体验到不被爱。

你对太阳的主观需求为 0 的时候，太阳给你的温暖是你直接体验到的温暖。但是当你对太阳的需求较高的时候，你就会体验到太阳在伤害你或不满足你。

你对父母、伴侣的需求为 100 的时候，他对你 70 分的爱，就会被你体验为 30 分的不被爱。你对陌生人的需求为 0，陌生人给你一碗面，你就能感受到世界满满的爱意。

这就是那个经典的疑问：为什么妈妈给你煮了几十年面，你却还觉得她不爱你，而陌生人给你煮了一碗面，你就热泪盈眶？

因为爱的体验不同。你的主观需求和对方的实际付出的差值，决定了你对于被爱的体验。

我和这个世界一样，用自己的方式给了你爱。你的很多朋友给了你爱，你的老板亦然。他们有自己的目的、动机，但这并不影响他们给出的能让你有所受益，这就是爱。他们为自己的部分，也不影响他们对你的爱。

如果你觉得一个人做一件事情为了自己，虽然别人也受益了，但依然不是爱的话，那么你对爱的定义就成了：你只有牺牲自己来满足我的行为，才是爱。

你同时满足了自己和我，就不是爱我，你不是专门、单独为我做的，就不是爱我。类似的定义就是：你只有实现 ×× 行为，做到 ×× 标准才是爱。

从你的定义来看，你就感受不到爱。因为你对爱的主观需求、潜意识需求是 100 分，你希望他人给你牺牲般的、不顾自己的、绝对专一的、完全无条件的、浓烈的爱。那些不能够达到此标准的，都不是爱。

你体验不到爱，就会孤独。

而你体验不到爱，只是因为世间和他人没有给你想要的 100 分的爱，所以你对他们 10 分、30 分、70 分的爱都视而不见。

这难道不是贪婪吗？

给你的不够多，你就通通看不上。你只愿意幻想着非常浓烈的、完全无条件的爱降临在身上。这种爱没有出现，你就觉得自己没人爱，觉得孤独。

实际上，你一直被爱着，只不过朋友、恋人和这个世界，一直都在用他们的方式满足着你。也许30分，也许10分，甚至也许只有3分帮了你、满足了你。你愿意看到哪部分呢？是他们做了的部分，还是他们没做到的部分？这决定了你是被这个世界温暖着，还是缩在自己的世界里孤独着。

孤独，是因为你想要太多的爱，超出了世界能给的程度。

实际上在某些片刻，你会觉得自己是被满足的，你不觉得孤独。

他人给了你意想不到的惊喜，超出了你的期待。你就会觉得被温暖、被爱。

你自己可以照顾好自己，对他人没有那么大的需求，相反还可以给这个世界很多爱。你就会觉得自己的存在充满了价值。

我们决定不了他人，但我们可以决定自己。也就是说，我们能够照顾好自己，我们充满爱、开始爱别人的时候，就不会觉得孤独。

照顾小动物，爱陌生人、流浪者，对身边的人充满善意，这些大的和小的付出，都会让你体验到爱的流动，你自然就充满了爱。

你不能照顾自己，只等着别人来爱，而别人给你爱你又觉得不够，呐喊孤独，这难道不是很矫情吗？

孤独，会净化人的灵魂。你孤独的时候，可以反思自己，升华自己，以恢复自己的爱。人如果对世界和他人的爱投入过多会透支自己，会暂时想收回，跟自己待着，不去爱世界，只想爱自己，所以才会孤独。而孤独可以让你在恢复之后，能够更好地投入到对他人、对事业和对世界的爱里去。这时候你孤独，但是你享受，你不害怕。

你孤独的时候，排斥自己，这是对世界的幻想、索取和不满，是矫情和贪婪，然后你会更频繁地体验到自己不被爱，体验到孤独。

每个人都很孤独。是的，每个人都很矫情和贪婪，只是人跟人体验到的孤独程度不一样，有的人在健康的范围里，有的人到了病态的程度。

回报别人的付出，有时是划清界限的表现

总有人宣扬：你可以敞开接受别人的好，即使你不付出，别人也会爱你！因为你很棒！然而回归现实又总有人觉得：你不对别人好，别人会对你好？没人会愿意永远对一个人无条件地付出吧。

无论怎样，我们都不会相信自己值得被别人无条件地爱，所以每当别人对我们好的时候，我们就会陷入焦虑或厌烦。别人对我们一点好，我们就会惦记着，并且想加倍还给他。我们诚惶诚恐，恨不得滴水之恩就涌泉相报，好让自己不亏欠他人。

然而有时候我们难以回报，所以当别人对我们好的时候，我们通常是拒绝的，怕自己承受不了。这时候我们就很有压力、很烦。

我见过很多这样的人。明明身边喜欢他们的人很多，他们却不敢接受，因为不敢享受别人对他们好。明明内心如此卑微，却因觉得自己承受不起，只能以高冷的姿态拒绝。

这种人因为有了“别人对你好，你就要回报他”的逻辑，所以经常委屈自己付出，透支自己付出。然后，他们又渴望别人回报他们，也对他们好。他们内心有着很深的渴望：希望有人能够一直无条件对我好。而一旦有人对他们好，他们却是不愿意看见和相信的。因为他们无法确认明天这些人是否继续会对他们好，是否会在明天就离开或

索取回报。明天谁也无法确定会怎样，所以他们永远无法相信会有人一直对他们好。

付出的人都在求回报吗？这个逻辑不能证真，也不能证伪。

有时候你对别人好，真的是不求回报无条件的。比如你捐赠的时候，请某人吃饭的时候，帮助老奶奶过马路的时候，安慰朋友的时候。有时候你对别人好，又是有期待的。比如你总是请朋友吃饭的时候，总是安慰朋友的时候，总是扶老奶奶过马路的时候。

也就是说，有时候你的付出是求回报的，有时候是不求回报的。

经验表明，别人无条件对你好，这种情况有时候存在，有时候不存在。单一而论是不对的，你需要学会识别哪些时候存在。

还有就是：你付出了，别人拼命回报你，反而会让你很不舒服，觉得他特别见外，在推开你。

回报别人的付出，有时候是划清界限的表现，是推开他人。那种感觉就是：我一分钱都不想欠你的，要跟你保持绝对的界限。

我们用数学来解释一下心理学吧。

我先设定一个变数 X。X= 付出感，即我们对于对他人付出的感觉是多少。需要强调的是，不是他人收到了多少你的付出，不是客观付出了多少，而是自己感觉自己付出了多少。

然后，我们设定一个常数值 m。m= 付出舒适值，也就是我们对于陌生人、朋友、亲人、世界等其他客体的付出是有一个舒适值的。在这个舒适值内付出，我们的付出是享受的、不求回报的；付出超出了这个舒适值，我们的付出就不享受了，就开始求回报了。

所以，$X<m$ 时，付出是不求回报的；$X>m$ 时，付出是求回报的。

你请一个人吃饭，也许是因为他长得好，也许是因为你热心，也许是因为今天你遇到了某事心情好，也许是你单纯想安慰失恋的他。这顿饭对你来说完全可以承受得起，对你来说是小事，这时候你的付出感 X 值比较小，这种付出就在你的舒适值 m 范围内。

这时候你的付出就是不求回报的。别人适度回请你很好，不回请忘了这茬儿你也不会介意，不会嫌弃这个人不知感恩之类的。

然而你请两顿、三顿、四顿……随着数字增加，你的付出感 X 值就增加了。X 在慢慢逼近你的付出舒适值 m。如果你请第四顿饭的时候开始感觉不舒服，你没有停下，还请了第五顿、第六顿饭，那么第五顿、第六顿饭，就是你舒适值之外的付出了，这时候 $X>m$。这两次付出你就是要求有回报的，你就会嘀咕：这人怎么总是让我付出，他怎么从来不付出。

实际情况可能是他觉得你请他吃饭，对你来说简直不值一提，所以他就没想过回报的事。这时候他理解的你的付出舒适值显著大于你实际的付出舒适值，他理解的你的付出感也显著小于你实际的付出感。你会不舒服，觉得这人很自私。

反之，如果他觉得你请他吃饭，对于你来说简直是大出血，那么你请他的第一顿饭他就会记在心里，并时时想着回报你。这时候他理解的你的付出舒适值就显著小于你实际的付出舒适值，他理解的你的付出感也显著大于你实际的付出感。这时候你也会不舒服，觉得跟这人相处不轻松。

我们总结得出：

• 你把他人的 m 值放得过大，过于看得起别人对付出的承受能力，或把别人的 m 值放得过小，过于看不起别人对付出的承受能力，都会让人不舒服。

• 你把他人的 X 值放得过大，夸大了别人付出的重要性，或把别人的 X 值放得过小，看不到别人付出的重要性，也会让人不舒服。

两个相处很愉悦、很亲近的人，一定是这样的：

• 一方对另一方 X 和 m 值的感受与对方的实际水平差不多。也就是，他们既能看到他人实际付出了多少，又能看到他人对付出的承受能力是多大，所以他们能坦然接受对方舒适值内的付出并安然享受。

• 他们在对方付出过度的时候，即 X 开始接近或大于 m 的时候，能及时予以回报，以抵消超出的部分，让 X 值减小。他们抵扣过多的时候对方又反过来抵扣，关系在动态中保持亲密。

也就是说，他们愿意看到真实的彼此，而不是活在自己的想象里。

再次强调，无条件地付出，在一定范围内存在，超出范围就不存在了。

别人对你适度的好，你是可以敞开接受的。

如果你贪婪地一直索取，就会让别人不想回应。这时候你需要相信“看吧，我就是不值得被无条件爱的”。

如果你对别人有一点付出就急切地想回报，或害怕回报不了而不敢接受，就会让别人感觉你很高冷、不近人情。这时候你需要相信“我值得被无条件地爱”。

那么，你怎么把握别人的付出舒适值呢？

首先不要极端，这个值没人是 0，也没人是 100。你一定值得一部分，但不值得所有。你值得别人对你有些好，但不值得别人把生命都掏给你，一辈子无条件地为你服务。

其次是放下你的规条和幻想。你要放下“别人对我好，我就要回报他”的想法，这只在一定范围内有用。你要放下“好想有人能够一直无条件对我好”的幻想，这只在一定范围内可以安然享受。

最后是要明白一点，**人有时候出于某种“我应该付出”或“我只有先付出你才会对我好”的想法，不想付出但会强迫自己付出。**这时候的付出其实是超出付出舒适值范围的，是夹杂着条件的。

因此，你需要学会识别对方的付出到底是愉悦地单纯想对你好，还是为了某种目的而对你好。前者还是后者，他的气场、心情、氛围、感觉，都会不一样。

这种敏感的能力，是一个人一生都要练习的功课。敏感的练习很简单，就是核对。真诚地与对方核对他怎么了，他怎么想的。当然，核对的方法不只有语言，非语言的观察更重要。

当然，最重要的是你要学会识别自己，这样才能更好地识别他人。

你要识别：此刻你为什么付出？是因为想单纯对他好，以成就自己，为自己开心而付出，还是渴望他认可你、亲近你、回报你而付出？你的付出是自愿的还是应该的？是开心的还是勉强的？

你对自己有感觉的时候，就会对他人有感觉了。

真实，是让人真正活过来的唯一途径

假我，也叫人格面具。也就是我们站在别人面前，不自觉地就戴上面具开始表演。比如别人都觉得你很优秀，但你知道自己其实很差。在别人面前你活泼开朗，但你其实脾气很差。

所以，我们会不自觉地认为，别人眼里那个自信、阳光、优秀、性格好的我是假我，别人不知道的那个自卑、差劲、暴躁、内向的我才是真我。

别人之所以觉得你很优秀，是因为你很难在别人面前表现出自己糟糕的那一面。你认为，在别人面前你只有和善、开朗、热情、优秀，才是被别人接受和喜欢的。为了得到别人的喜欢和认可，你会委屈自己、选择性暴露自己、伪装自己，只表现出别人能接受和喜欢的样子来。

这个过程叫印象管理。

也就是，我们根据他人期待的形象来调整自己，隐藏或缩小自己糟糕的一面，表现或夸大自己好的一面，以达成给他人留下某些印象的效果。

印象管理的目的是，获得他人的接纳和认可，获得他人的爱。因为我们觉得即使他们爱的是我们一手捏造出来的假我，也比没有好。

我们创造假我来获得他人认可的方法很简单：大家喜欢什么，我就努力做什么；大家觉得什么是好的，我就努力往那个方向表现；大家不喜欢的，我就偷偷藏起来不轻易被人看到。

当你这么努力地进行印象管理后，如果有人突然跟你说，其实你并不好，指出你的缺点、批评你、否定你，你能想到那时候你的感受吗？你会发怒，因为他在说：即使你很努力表现，你还是不被接纳的。

不被接纳、不被爱，是一件非常可怕的事情。那种感觉，就像把你放到没有希望的无边黑暗里，没人回应、没人在意、没人关心，比死还要让人难过。

所以对很多人来说，被指出不好的那一刻，是比死亡还难受的。因而他们会竭力否定别人的言论：你是错的，我不是你说的那样，你不该指责我……

这其实是我们潜意识里怕他人说出自己都不愿意接受的真相——自己真的如对方所说的那样糟糕。

因为不能面对，所以要用尽全身力气反弹。

一个人努力排斥别人看到真实的自己，甚至自己都不承认，因为他潜意识里相信且坚信：真我是不被爱的。他潜意识里深深觉得：努力创造的假我都不一定被爱，真我怎么可能被爱呢？

糟糕，即被世界抛弃。所以不能糟糕，不能让别人知道自己很糟糕，甚至不让自己知道。

然而更悲哀的是：即使假我被爱了，很多人依然不相信自己被爱。

很多人追求优秀、努力表现自己，实现了让周围人对自己连连称赞，然而他们自己并不埋单。因为在他们意识里有一种根深蒂固的想法：你们爱的是假我，是那个优秀、乖、表现好的人，不是真正的我。

那么，别人究竟爱的是你的假我，还是真正的你呢？

这很难分辨，因为你从来不曾拿出真实的你来。别人爱的可能不是你的优秀与乖，而是你这个人，但是你表现出假我后，无论别人怎么爱你，你都会觉得别人爱的是你的假我。你也就无法识别别人真实的爱。

这也是很悲哀的结果：

• 别人爱的是真实的你，然而你隐藏，只露出一个大家都喜欢的假我。

• 得到了爱，你又不相信那是真的，就真的体验不到任何爱了。

因此，总是使用假我生活的人，是永远体验不到真爱的。

我们的潜意识确认面前这个人可以接纳自己的时候，才会展示自己真实的一面。

什么是真实的自己呢？

其实，那个善良、可爱、聪明、活泼、优秀的你是真实的你，却只是你的一部分；那个邪恶、内向、脾气差、幼稚、脏乱差、糟糕的你，同样是真实的你，也只是你的一部分。你有一千零一面，你所有的正面和负面特质的总和就是你的真我。

越是安全的环境，真我展示得就越多。

这就很好理解这个常见的现象：在外人面前和蔼可亲，在家人面前脾气糟糕。因为家人比外人安全，你的潜意识相信即使你脾气糟糕，家人也不会抛弃你，所以你敢展示真我。

这个现象只表达对了一半，准确的表达应该是这样的：在外人面前只会和蔼可亲，在家人面前既会和蔼可亲，又会脾气糟糕。

做真实的自己，就是好坏都不掩饰，都是真实的你。

一个人的安全感越高，越相信环境对自己的接纳度，就会把越多的人当成自己人，越是敢于表现真实的自己。

你肯定见过那种无论在什么场合都很放得开的人，他们非常随意，有时候也让人觉得讨厌。表面上看起来，他们可能是不在乎别人怎么看，其实是他们的安全感太高，太相信别人对自己的接纳程度。他们太相信自己这样表现是没有问题的，不会对自己的价值感产生任何影响。这是一个极端。

另一个极端的人，就是不相信任何人能接纳真实的自己。他们要在所有人面前伪装，掩盖自己的糟糕和邪恶。即使在恋人面前，他们也要有所保留，不敢随意表现出自己的不好，从来没有活出过真实的自己。

这两个极端都不好。前者虽然活得洒脱，但是影响自己的社会功能。后者虽然给人印象非常好，但是活得又累又压抑。

我们能意识到自己的刻意隐藏，还是好的。有的特质，我们太相信它是不被接纳的，就会把它隐藏得很深，自己都意识不到。比如我们内心的自私、邪恶、软弱。

一个朋友，控制欲很强，对老公非常强势，又总是处理不好关系。我问她，为什么不学习一下低头呢？她觉得“低头了就软弱了，就没人爱了”。她把自己软弱的一面压抑得非常深，从来没有人见到过她软弱的一面，连老公都没见过，所以她没法与人亲密。

还有个朋友，喜欢帮助同事却得不到同事的回馈，心里觉得很不爽。然而他又不能承认自己其实很计较这段关系。他觉得“这没什么好计较的，计较就显得我不高尚”。虽然计较的这一面被他压抑下去，他不会跟同事吵架，但也不会跟同事真的亲密。

我们见过很多人，他们明明是恨父母的，却无法承认自己的恨，因为他们认为“父母也不容易，恨父母是不对的”。这部分恨被压抑下去，他们不会跟父母吵架，也不会跟父母实现真正的亲密。

记得有个学员在课堂上讲他的难过时，他一直在笑，像是讲别人的故事一样。他无法将自己的悲伤流露出来，因为“难过是不对的，会影响别人”“我应该给大家带来开心，不应该难过”。他选择了压抑难过。

压抑，就是自己明明有感受，却不承认自己的某一面，对自己都不诚实。

如果确信自己真实的某一部分不被任何人接纳，我们就会选择骗自己。我们会假装自己是善良、有责任感、高尚、强大的人，假装自己从来没有小气、软弱、邪恶、幼稚的想法，这样我们就会好受点。

这样做的代价是：我们无法跟他人建立深入的感情。因为真正的感情，无法通过假我建立。一个人邪恶、脆弱的部分被接纳得越多，他越能体验到与人的连接。

最大的欺骗莫过于成功地骗了自己。我们欺骗自己越成功，就越无法感受到自己的存在。我们经常会觉得活着的是假我，感觉不到真实的自己，感受不到自己的存在，找不到活着的意义。因为一个人如果要想压抑邪恶、脆弱、自私、糟糕，就会同时也压抑感受。

我们根据“对的”和“好的”逻辑活着，而非按照真实的感受活着，就会非常没有存在感。

真实是一种勇气。

这种勇气就是：我允许自己有邪恶、自私、不负责任、糟糕、差劲的一面，这些都是真实的我。我也愿意相信在一些人面前，这些是被接纳的，是被他们允许的。他们就是我亲密的人。

我们相信的越多，就越敢暴露自己，体验到的这个世界的温暖就会越多。

同时我们也会有现实检验能力，即知道有些场合、在有些人面前是需要隐藏和戴面具的，有些场合、在另一些人面前是不需要隐藏和戴面具的。我们可以灵活切换自己，表现出不同的自己。我们相信自己人格的每个面向都有可以表现并被接纳的地方，盲目地暴露的确也是危险的。

这无疑是真正的强大。

真实，就是这样一种救赎，是让人真正活过来的唯一途径。